# 心理咨询师沿女孩讲性格

"推开心理咨询室的门"编写组 编著

中国纺织出版社有限公司

## 内 容 提 要

人生就是一个不断提升和完善自我的过程，尤其是对处于成长期的女孩而言，塑造好的性格，有助于自己更好地把握成才与成功的机遇，从而成就女孩的完美人生。

本书通过一些名人成才与成功的故事，契合女孩成长阶段的身心发展特点，总结出了女孩修炼性格的诸多建议。娓娓道来的故事，温情的文字解读，让此书成为一本有益于年轻性格养成的绝佳枕边书。

**图书在版编目（CIP）数据**

听心理咨询师给女孩讲性格／"推开心理咨询室的门"编写组编著. -- 北京：中国纺织出版社有限公司，2025.6
ISBN 978-7-5229-0690-4

Ⅰ.①听… Ⅱ.①推… Ⅲ.①女性—性格—通俗读物 Ⅳ.①B848.6-49

中国国家版本馆CIP数据核字（2023）第114169号

责任编辑：柳华君　　责任校对：高　涵　　责任印制：储志伟

中国纺织出版社有限公司出版发行
地址：北京市朝阳区百子湾东里A407号楼　邮政编码：100124
销售电话：010—67004422　传真：010—87155801
http://www.c-textilep.com
中国纺织出版社天猫旗舰店
官方微博 http://weibo.com/2119887771
天津千鹤文化传播有限公司印刷　各地新华书店经销
2025年6月第1版第1次印刷
开本：880×1230　1/32　印张：7.25
字数：110千字　定价：49.80元

# 前言
PREFACE

在心理咨询中，女性来访者并不少见，并且她们所遇到的困惑具有高度的趋同性，包括情绪控制、自我价值、身份认同、职业发展等问题。这些问题并不像表面上看起来那么容易概括，也并不是单维度的问题，而是复杂的综合性问题。这种复杂性是由女孩在这个社会中具有的独特性决定的，体现在多个层面，包括生物学、心理学、社会学以及文化等方面。生物学上，女孩从出生起就具有独属于自己的生理特征，这些特征在青春期会引发一系列的生理变化，如月经周期的出现等。在心理层面上，女孩可能会表现出与男孩不同的性格特质和行为模式，这些差异源于社会化过程和生物性别角色的

影响。在社会学层面上，女孩所面临的社会期待和角色定位常常与男孩有所不同。例如，她们可能更被鼓励展现出亲和力、同情心和关怀他人的特质，同时也可能面临着性别歧视和不平等的挑战。在文化层面上，不同社会和文化对女孩的教育、职业和婚姻等方面有着不同的期待和规范，这些文化因素深刻影响着女孩的成长环境和发展机会。总之，女孩所面临问题的复杂性以及解决这些问题的重要性必须引起专业人士和社会各界的关注。

针对女孩面临的各种心理和社会挑战，心理咨询师团队编写了一整套不同主题的书籍，提供给女孩们全面、综合性的资源。希望通过阅读，女孩可以应对社会中显性或者隐性的性别刻板印象带来的压力，可以更好地了解自己，增强内在的力量，不断发展个人技能，提升应对生活挑战的能力。

美国著名心理学家威廉·詹姆斯说："播下一个行动，收获一种习惯；播下一种习惯，收获一种性格；播下一种性格，收获一种命运。"培根在《习惯论》里也说："思想决定行为，行为决定习惯，习惯决定性格，性格决定命运。"一个人的行为是由思想支配的；行为的积累养成习惯，习惯的根深蒂固改变性格，性格又会左右思维和行为方式，从而潜移默化地决定了命运。

尽管18~24岁女孩的性格塑造已经完成了80%，或者说已经基本定型，但其实在以后的生活经历中，还可以进一步调整和塑造。对女孩来说，18~24岁正是重塑性格的绝好时机。年龄方面，这一阶段的女孩处于身心发展定格的最后关键时期；时间方面，这一阶段的女孩尚处于学校氛围之中，文化的熏陶有助于更好地了解、提升、重塑自我；经验方面，正需要这一阶段关于性格的修炼与塑造，女孩们才能为未来迈出校门、走入社会做好身心上的准备。所以，年轻女孩需要修炼好性格，有效提升自己，塑造完美的自我。

编著者

2023年5月

# 目录
CONTENTS

## 第 01 章　自尊自爱——爱你自己，而后爱人

写下你的优点，珍视你的价值…………………002

战胜"不可能"……………………………………005

女孩，你该自信点………………………………009

记住，你值得被爱………………………………013

## 第 02 章　自律自控——不忘初心，方得始终

暧昧的游戏，请远离……………………………020

别幻想童话里的爱情……………………………025

悦纳自己，保持本色……………………………030

你的美丽源于自爱………………………………034

女孩，请先爱你自己……………………………038

# 第03章　自律自控——不忘初心，方得始终

| 养成良好的时间观念…………………… | 044 |
| 女孩脾气不能太坏…………………… | 049 |
| 别为自己的懒惰找理由………………… | 053 |
| 女孩的自省与自救…………………… | 057 |
| 好的学习习惯，使你终身受益………… | 062 |
| 女孩，请保持身体健康……………… | 067 |
| 自我完善，不忘虚荣的代价…………… | 071 |

# 第04章　独立自主——路在脚下，行在远方

| 独立是女孩人生的基础………………… | 076 |
| 你不需要依赖谁……………………… | 080 |
| 那些不可想象的事…………………… | 085 |
| 人生阶段需要有想法………………… | 088 |

目 录

# 第05章　积极乐观——心有晴天，便无风雨

做太阳般温暖的女孩…………………………… 092

抬头看看你所拥有的……………………………… 097

逆境是另一种希望的开始………………………… 102

女孩，别开错了窗户……………………………… 106

可以选择的是心情………………………………… 110

改变思维模式，成为更好的自己………………… 114

# 第06章　担当责任——尽己之责，成就非凡

勇敢面对，别再逃避……………………………… 120

坚定内心，保持高度责任感……………………… 126

别把"借口"当挡箭牌…………………………… 130

女孩，请对自己的言语负责……………………… 134

有些责任是必须承担的…………………………… 139

责任感，让你脱颖而出…………………………… 144

## 第 07 章　纯真温厚——心善则美，心纯则真

| | |
|---|---|
| 把快乐传递出去 | 150 |
| 与人为善，就是与己为善 | 154 |
| 深谙礼仪，淑女养成记 | 158 |
| 爱心，从身边小事做起 | 163 |
| 原谅别人偶尔的错误 | 167 |
| 谦谦女孩，芳华自放 | 170 |

## 第 08 章　性格果断——毫不犹豫，气定神闲

| | |
|---|---|
| 做决定，规划你的未来 | 176 |
| 拖延，让你一事无成 | 179 |
| 来吧，说做就做 | 184 |
| 犹豫，让你错失先机 | 188 |
| 别做喜欢抱怨的女孩 | 193 |

## 第 09 章　克制怯弱——挥舞翅膀，飞得更高

扬长避短，做自己擅长的事……………… 198

拨开浓雾，找准人生方向……………… 202

逆商决定你的高度……………… 206

在绝望时选择再等一下……………… 210

越努力越幸运的女孩……………… 216

**参考文献** ……………… 220

# 第 01 章

**自信迷人——你若盛开，清风自来**

# 写下你的优点，珍视你的价值

F. H. 布拉德利说过："在某种程度上，每个人的形象都符合自己的设想。"相貌平平的女孩，不必再为你的貌不惊人而烦恼，因为"一个人越自信，他的性格就越迷人"。增加几分自信，你便增加了几分魅力。

简·爱这个普通妇女的艺术形象，之所以能够震撼和感染一代又一代各国读者的心灵，正是因为她以自信为人生的支柱，才使她的人格魅力得以充分展现。

### 1. 写下你的优点

现在请你列举一下自己身上的优点，越多越好。开始，你可能觉得这很难，因为你习惯了去寻找自己的缺点，而没有关注过自己的优点，甚至没有想过自己还有优点。那么，现在开始列举吧，如果你还是感到很困难，可以找父母、同学帮忙。列出优点，每天抽时间默念自己的优点，可能开始的时候很不习惯，但要坚持做。一段时间后，你会发现自己不仅可以坦然接受自己的优点，而且会发现自己有越来越多的优点。

### 2. 给自己积极的心理暗示

假如以前总会想我已经努力了，可我的学习还是不好，那么今后尝试着这样说：我要继续努力，并寻找办法提高学习成绩；如果以前常担心害怕找不到好的工作，那么以后要常对自己说：我要努力去找，我会找到适合自己的位置的等。生活中充满暗示，女孩时刻在受暗示的影响，当女孩说自己"不好"时，可能会时刻证明自己的确是不好的。

### 3. 少与别人比较，多跟自己比较

女孩从小受的教育使她们习惯与别人比较，尤其是与优

秀的人比较。比如在比较中发现"我不如张三的成绩好"，如果是这样，那么原本自己满意的地方也会变得很糟糕，因为不管什么时候和别人比较，不管自己有多么优秀，都会找到比自己更出色的人。所以，要学习和自己比较，去发现自己的进步和取得的成绩。

### 4. 常怀感恩的心

每天记录自己所做的事情，在做得好的事情比如勤奋、认真、孝顺上做一个记号，在自己做得不够好的地方以及需要改进的地方做一个记号，最后作总结，好好表扬和欣赏自己做得好的方面，对做得不够好的方面，不去责备自己，而是告诉自己今天有些事情我做得不够好，明天我会改进，明天一定能够做得更好。

# 战胜"不可能"

爱默生曾说:"相信自己能,便会攻无不克……不能每天超越一个恐惧,便从未学会生命的第一课。"

成功来自自信,自信者有着必胜的信念,在他们的字典里没有"不可能"这三个字,因为他们不达到目的就不罢休,坚决咬定青山不放松,使"不可能"变为"可能"。

其实,能够打垮自己的往往不是别人,而是自己内心的"不可能",所以,相信自己,相信一切皆有可能,不要把一次失败就看作人生的终结篇。

贝勒夫人是哈佛大学的文学老师,她和蔼可亲,深受学生们的敬重。

在一次课堂上,贝勒夫人首先让学生们在纸上写出自己不能做到的事情。过了十多分钟,许多学生都已经写满了一

张纸,有的学生甚至打开了第二张纸,之后学生们按照贝勒夫人的指示,把那些写满"不可能做到的事情"的纸对折,然后按顺序来到讲台,把纸放进一个空的鞋盒里。然后,贝勒夫人将盒子盖上,夹在腋下领着学生们走出了教室,路过杂物室的时候,贝勒夫人找了一把铁锹。她领着学生们来到了运动场,挑选了一个最边远的角落,开始挖坑。

十分钟后,坑挖好了,贝勒夫人让学生们将那个鞋盒埋在"墓穴"里,贝勒夫人神情严肃地说:"孩子们,现在请你们手拉着手,低下头,我们准备默哀。孩子们,今天我很荣幸能够邀请到你们前来参加'我不能'先生的'葬礼','我不能'先生在世的时候,曾经与我们朝夕相处……您的名字几乎每天都要出现在各种场合,当然,这对于我

们来说是非常不幸的……我们更希望您的兄弟姊妹'我可以''我愿意''我立即就去做'等能够继承您的事业……愿'我不能'先生安息吧,也祝愿我们每一个人都能够振奋精神,勇往直前!"

接着,贝勒夫人带着学生们回到了教室,她用纸剪成了一个墓碑,上面写着"我不能",中间则写上"安息吧",下面还标明了日期。贝勒夫人将这个墓碑挂在了教室中,每当有学生无意中说"我不能"的时候,贝勒夫人就会指着这个墓碑,学生们便会想起"我不能"先生已经死了,从而寻找解决问题的办法。

## 1. 避免苛求自己

女孩要避免苛求自己,平时对自己的要求要适当,与自己实际的能力和水平相适应。假如自己取得了好成绩,那应该对自己充满信心;即便成绩比较差,也要学会自我安慰、

分析原因、总结经验和教训，或者请求父母耐心指导，一步步提高自己的成绩。

## 2. 采用小目标积累法

许多女孩产生不自信，往往是由于对自己要求过高，将自己已经取得的成绩忽略了，她们沉浸在大目标无法实现的焦虑中，心理上就经常笼罩在悲观、失望的阴影中。女孩可以制定一个个可以在短时间内实现的小目标，随着小目标的积累，不但会形成一个实现大目标的动力，而且会让自己形成足以克服自卑的信心。

## 3. 丰富知识

生活中，经常发现当许多孩子一起交谈的时候，有的孩子说得滔滔不绝、绘声绘色，而有的孩子却只是在一旁听着，一言不发。这是什么原因呢？这主要是由于孩子的知识面不同，有的孩子见多识广，有的孩子知识面较为狭窄。而那些知识面较为狭窄的女孩更容易自卑，所以，女孩要有意识地丰富自己的知识，开阔自己的眼界。

# 女孩，你该自信点

尼采曾这样说："聪明的人只要能认识自己，便什么也不会失去。"只有学会欣赏自己，才能使自己充满自信，并从自信中获得快乐，使自己的人生不迷失方向。

欣赏自己是一种智慧，它会令你浑身上下散发出自信的魅力；欣赏自己是一种心理暗示，当你把自己想象成什么样的人，你就真的会成为什么样的人。

在一次哈佛大学泰勒·本·沙哈尔教授的课堂上，有个学生在课堂上向沙哈尔提问道："请问老师，您是否知道您自己呢？"沙哈尔心想：是呀，我是否知道我自己呢？他回答说："嗯，我回去后一定要好好观察、思考、了解自己的个性和自己的心灵。"

沙哈尔教授回到家里就拿来了一面镜子，仔细观察着

自己的外貌、表情，首先。沙哈尔教授看到了自己闪亮的秃顶，说："嗯，不错，莎士比亚就有个闪亮的秃顶。"随后，他看到了自己的鹰钩鼻，说道："嗯，大侦探福尔摩斯就有一个漂亮的鹰钩鼻，他可是世界级的聪明人。"看到了自己的大长脸，他就说："嗨！伟大的美国总统林肯就是一张大长脸。"看到了自己的小矮个子，就说："哈哈！拿破仑个子就很矮小，我也是同样矮小。"看到了自己的一双大脚，说道："呀，卓别林就是一双大脚！"

于是，第二天他这样告诉学生："古今国内外名人、伟人、智者的特点集于我一身，我是一个不同于一般的人，我将前途无量。"

泰勒·本·沙哈尔教授善于欣赏自己，这令他对自己充满了自信。哲学家黑格尔说："世界精神太忙碌于现实，太驰骛于外界，而不遑回到内心，转回自身，以徜徉自怡于自己原有的家园中。"世界上没有两个完全相同的人，每个人都是独立的个体，我们身上有许多与众不同的甚至优于别人的地方，这是每一个人值得骄傲的地方。我们没有理由总是欣赏别人，而忽略了自己的优点；没有理由一味地比较，而最终丢失了自我。

## 1. 关注自己的闪光点

在平时生活中，女孩要善于发现自己的闪光点，树立自信心。良好的自信心是成功的一半，要想有意识地提高自己的自信心，欣赏自己、鼓励自己是不可忽视的。当自己遇到困难的时候，鼓励自己积极进取，将自己受挫的自信心重新树立起来。

## 2. 别做理想的孩子

有的女孩追求完美，努力成为父母眼中理想的孩子。但是，在这个世界上，哪有什么十全十美的人呢？如果你为了实现理想而苛求自己，反而会心生烦恼。所以，女孩不要以父母眼中的"理想孩子"作为标尺来衡量自己，而是尊重自己，从实际出发，尊重自己的个性，这样才会收获更多的自信。

## 3. 细小的进步也是值得骄傲的

与同龄最优秀的孩子相比，可能自己总是显得不那么突出，方方面面都差强人意。但是，比起昨天的表现，你是否已经前进了小小的一步呢？以前可能英语成绩不及格，但现在几乎能跨过及格的大关，取得良好的成绩，或许离优生还有一段距离，但是自己的进步却是明显可见的，因而这也是值得称赞的一大步。女孩要善于发现自己每天的进步，正视自己的努力，如果在这时能够获得父母的赞赏，那无疑会增加更多自信。

# 记住，你值得被爱

土耳其有句古老的谚语："每个人的心中都隐伏着一头雄狮。"只要不断挑战自我，让心中的雄狮醒来，每个人都可以成就卓越，创造奇迹。历史上，往往就是那些不断挑战自我的人完成了不可能完成的任务，成就了自己的人生，也推动了历史的前进。

女孩，不管你过去如何，现在如何，你只要问自己想成为什么样的人，然后坚定不移地朝着目标出发，哪怕所有人告诉你"这是不可能的"。

曾经有这样一个小女孩，她从小失去了爸爸。在女孩成长的过程中，遭受了许多人的嘲笑与歧视，在学校也没有一个孩子愿意与她亲近。女孩耳边常常响起这样的声音：你是一个没有父亲、没有教养的孩子！时间长了，她真的觉得自

己失去了父亲就成了没有教养的孩子。在潜意识里,她非常自卑,甚至不愿与身边的人交流。不过,在女孩13岁那年,一个老师改变了她的一生。

这个老师根本不在乎流言蜚语,他找到这个小女孩,温和地对她说:"你和这里所有的人都一样,都是值得被爱的孩子!孩子,不管你过去如何不幸,都不重要,重要的是你对未来充满期望。现在你可以做出选择,选择你想做什么样的人,想拥有什么样的人生。"

老师的话改变了女孩,从此她开始变得自信、乐观,积极地把握生命里的每一次机会。后来,她成为世界500强企业的公司总裁,成为全球赫赫有名的成功人物。在67岁时,她出版了自己的回忆录。

假如女孩没有在老师的开导下勇敢地尝试,恐怕她的一生都只能是一个"没有父亲、没有教养的孩子"。在现实生活中,许多女孩像她一样,背负着过去沉重的枷锁生活,每天都懦弱、卑微地活着。其实,女孩完全能够掌控自己的命运,可以实现任何可能的目标,做任何自己想做的人。

### 1. 激发自己的潜力

杰出教育家魏书生老师曾经说过:"学生要学中求乐,苦中求乐,兴趣是最好的老师,一旦学习成为享受,还害怕学生们不学习吗?"大量事实证明,兴趣是学习和创造的动力,只有培养自己的兴趣,才更加有利于激发女孩的潜力。

### 2. 相信自己

女孩,要用放大镜去看自己的优点,对于不涉及原则的

缺点不要理会，因为女孩只要有足够的热爱生活的信心，就能够感受到自己在父母和老师心目中是很重要的、是被信任的，即便他人曾经奚落过你，但只要你身上有优点，那就要对自己充满自信。

### 3. 发挥自己的优势

一个女孩如果只专注于自己的短板，便会渐渐损耗掉自己的生命动力和激情。女孩要善于用自己的优势享受学习，感受学习的美妙体验，并将这个体验引入其他方面的学习中，形成良性的能量场，这样自然会考出好成绩。

### 4. 活在当下，享受当下

人最难的就是认识自己，人的生命过程就是不断认识自我的过程。许多女孩的烦恼甚至心理问题都是源于不明白自己身在何处，或者说不接受自己的现状。有的女孩活在过去的成绩里，所以当现在不如以前时，常常灰心丧气甚至放弃努力。所以，女孩要注重现在，活在当下，享受当下。

## 5. 正确面对挫折

女孩在生活中难免会遇到失败和挫折,而失败的阴影是自卑产生的温床。女孩要善于自我鼓励,及时驱除失败的阴影。女孩可以将失败当作学习的机遇,分析失败的原因,从失败中学习和吸取教训,并将那些不愉快、痛苦的事情彻底忘记。

# 第 02 章

自尊自爱——爱你自己，而后爱人

# 暧昧的游戏，请远离

不知道什么时候，这个世界开始流行起了"暧昧的游戏"。暧昧，它不牵扯友情，也与爱情无关，且不附带任何责任。由于这样的游戏既不牵扯灵魂，又可以享受快乐，还为许多人省去了麻烦，所以，它受到了新时代男男女女的欢迎。

我们生活在一个快餐时代，所生存的空间里到处充斥着暧昧的因子，随时可以展开一段暧昧的游戏。那看似不经意的笑容，富有挑逗的眼神，暗示的语言，既有情调又可调情，让人感受到前所未有的愉悦。但是，暧昧真的有那么好吗？再激情的邂逅不过就是一场游戏而已，不会成为真正的生活。而且，当你离暧昧越近，爱情就离你越远，因为爱情不是作秀，更不是一种游戏，爱情需要真诚付出，彼此包容，共同体验爱的真谛。有多少人因为暧昧而深陷其中，难以自拔；又有多少人因为玩暧昧而丢失了爱情，追悔莫及。

因此，暧昧的游戏，我们都玩不起。如果你还想拥有美丽的爱情，那么就请舍弃暧昧的游戏，转投爱情的怀抱吧！

阿米大学毕业就面临着四处找工作的压力，但凭着自己的姿色，她毫不费力地进入了一家公司做前台。尽管职位比较低，但对于阿米来说能找到工作已经是很不容易的了。阿米刚到公司上班不久就被莫名其妙地调到了经理办公室做秘书，阿米以为是因为自己工作勤奋所以被领导提拔了，她觉得很高兴。

她到了经理办公室工作之后，经理就不时地对她表露出自己的关心。一天下班，经理说，晚上我请你吃饭吧，庆祝你升职，也为我们以后的合作做一个深入的了解。面对经理的盛情邀请，阿米受宠若惊，欣然答应。之后，经理还会不时地送一些礼物给阿米，如名贵的手表、项链、珠宝等，阿米总是来者不拒。两个人逐渐形成了一种暧昧关系，其实，阿米知道经理有老婆了，还有个5岁的儿子，但是，她不在乎，也爱上了暧昧所带来的激情。阿米觉得这样的日子过得很刺激，可是，有一天她发现自己怀孕了，经过一段时间的相处，她觉得自己对经理有感情了，也想有个家。可当她

把这个消息告诉经理的时候,经理却轻描淡写地说:"做掉吧,你应该做好避孕的,怎么能大意呢?"阿米很伤心,但还是去医院做了手术,可是,手术之后阿米就大出血,医生说也许以后她再也不会怀孕了。

经理似乎对医生的结论很满意,高兴地说:"这不正好吗?免去了怀孕的麻烦。"这时候,阿米才看清了经理的面目,她也终于知道暧昧并不是谁都可以触碰的,至少自己玩不起这种游戏。

面对暧昧,女孩容易心动,男人容易冲动,谁能保证自己不会陷进去?实际上,暧昧本来就是一个危险的游戏,每一个深陷其中的人都会为此付出沉重的代价。暧昧之后,是更多的伤害和空虚,你已经不再被爱情所垂青,甚至被爱情

所遗弃。所以,在爱情的路上,请舍弃暧昧的游戏,真诚地面对爱情,获得爱的体贴与温暖。

## 1. 暧昧是危险游戏

我们生活中到处弥漫着暧昧的味道,连虚拟的网络也难逃它的肆虐,有人把暧昧当作无聊生活的调剂品,有人把暧昧当作激情的出口,实际上,暧昧是一种最不靠谱的情感,也是一场最危险的游戏。

## 2. 暧昧的游戏玩不起

其实,爱情已经让我们晕头转向了,更别说暧昧了。所以,还是不要步入暧昧的漩涡,也别痴迷别人发起的暧昧,要是不小心陷进去了,要及时清醒过来,因为暧昧的游戏,我们都玩不起。

### 3. 暧昧只会让你失去自我

记得杨丞琳曾唱道:"暧昧让人受尽委屈,找不到相爱的证据,何时该前进,何时该放弃,连拥抱都没有勇气……"看,暧昧不过是一场游戏,不知情的人在痛苦与思念中备受折磨,最后只能放任自流,失去了自我。

# 别幻想童话里的爱情

有人曾悲观地说过:"恋爱必然会有一方受到伤害。"现实生活中的爱情并不是童话,它并不像偶像电视剧里演得那样美好。我们都明白,现实生活比电视剧复杂得多,每天我们都会遇到很多的事情,然后讨论、争执、吵架,这样一来,伤害就在所难免。

其实,说到爱情中的伤害,如果真的要追究这样的伤害是怎么来的,那可能是因为爱。因为爱,才会陷入伤害与被伤害的漩涡之中。一个人不会莫名其妙地去伤害一个陌生人。而且,我们更应该明白,有的伤害并不是对方故意给的,换言之,他并不是真想伤害你,只是在某种特定的场合,他一时冲动做了伤害你的事情。

小颜永远记得跟男朋友第一次见面的场景,那是在一个有雾的早晨，小颜像往常一样出门上班，就在推开房门的一刹那，她赫然发现隔壁正在搬家，一个帅气的小伙子笑呵呵地打招呼："嗨！我是你的新邻居，希望以后能和睦相处。"小颜笑了，心想这人可真有意思。

后来，那个小伙子三天两头不是借东西，就是邀请小颜过去品尝自己的拿手好菜，两人就这样熟悉了起来。在一个浪漫的夜晚，小伙子告白了："小颜，你愿意做我的女朋友吗？"小颜含着眼泪，点点头。恋爱刚开始都是美好的，但是，随着两人互相了解了彼此之后，在生活的某些方面，还是不可避免地起了争执。刚开始，"分手吧"这句话说得最多，而每一次都是小颜开口说，男朋友就会以一种难过的表情看着她，说得多了，男朋友也没什么表情了，最后一次，他终于收拾了所有的行李，说："好。"说完，就走了，留下小颜一个人痛哭。

心不甘情不愿的小颜给男朋友发信息："你就这样忍心伤害我？"男朋友半天才回了一句话："当你说'分手'的时候，何尝没有伤害过我呢？爱情不是童话，如果你总是纠结自己被伤害了，你就钻进了一个怪圈，永远也钻不出来了，小颜，你要学会理解那些伤痕，理解了，你就会释怀了。"

女孩总会认为爱情是一件美妙的事情，就好像童话般美好。实际上，爱情并不是童话，也不是不可侵犯的东西，爱情本身也是有弱点的，也有受伤的时候，甚至，有时候爱情带来的伤害不亚于面临死亡时的痛苦，对此，我们应该正视爱情带给我们的伤痕。

当爱情刚刚建立的时候，因为差异，我们彼此被对方吸引，我们会用新奇、另类的眼光去欣赏彼此的不同魅力。在这时我们的爱情是最简单、最甜蜜的，我们不要求对方的付出，只是欣赏就足够了。

当我们想要建立起来的爱情进一步升温的时候，我们会发现生活原来是动态世界，不同的生活习惯就好像两只向相反方向行驶的船只，如果不想办法掉头，就会越来越远。于是，争吵开始了，伤害也就来了。假如有了争执，请坦然面对这些，不要纠结于过往，而要尽量避免双方在争执中受伤害。

**枕边细语**

### 1. 宽容伤害

爱情不是一帆风顺的船只，也会碰见礁石和风浪，当爱情的船只发生摇摆时，我们必须理智地去维持平衡，而不是随风漂泊不定。当爱情受到了伤害，请让我们用宽容的纱布，涂上理解的药水包扎伤口，相信自己，同时也信任爱人的保护。宽容了伤害，彼此会更懂爱。

### 2. 理解伤害

理解爱情中的伤害，被伤害的人，需要被理解；伤害别人，也需要被理解。很多时候，那些伤害并不是故意的，而是情不得已。有些时候，明明知道自己已经错了，但还是不得不伤害别人，这样的人心里会好受吗？很多时候，并不是故意要伤害，只是两个人爱的方式不同而已。所以，理解伤害，然后去爱。

# 悦纳自己，保持本色

许多年轻女孩都喜欢模仿别人，想让自己和别人不一样，她们希望自己能够跟上潮流，或是让自己散发出明星般的魅力。不过，这种模仿好像并没有给自己带来成功或是快乐，相反，会让自己感到焦虑、痛苦，而且这种焦虑、痛苦是和失败联系在一起的。

女孩们应该记住，保持自我是一件相当重要的事情。假如你做不到，那么你永远都不可能成为一个快乐的女性，因为你总是活在别人的影子里。有心理学家说："保持自我这个问题几乎和人类的历史一样久远，这是所有人的问题。"其实，大多数精神、神经以及心理方面有问题的女性，其潜在的致病原因往往都是不能保持自我。

琳达是一位电车车长的女儿，她从小就喜欢唱歌和表演，她梦想着自己能够成为一名当红的好莱坞明星。然而，琳达长得并不算漂亮，她的嘴看起来很大，而且还有讨厌的龅牙。每次公开演唱，她都试图把上嘴唇拉下来以盖住自己的牙齿。

有一次，她在新泽西州的一家夜总会演出，为了表演得更加完美，她在唱歌时努力拉下自己的上嘴唇来盖住那讨厌的龅牙，但是，结果却令自己出尽洋相。琳达看起来伤心极了，她觉得自己注定会失败，她打算放弃自己当初的梦想。但是，正在这时，同在夜总会听歌的一位客人却认为琳达很有天赋，他告诉琳达："我跟你说，我一直在看你的演唱，我知道你想掩盖的是什么，你觉得你的牙齿长得很难看。"琳达低下了头，觉得无地自容。那个人继续说道："难道说长了龅牙就是罪大恶极吗？不要想着去掩盖，张开你的嘴巴，当观众看到你自己都不在乎时，他们就会喜欢你的。再说，那些你想掩盖住的牙齿，说不定能给你带来好运呢！"琳达接受了客人的建议，努力让自己不再去注意牙齿。从那时候开始，琳达只要想到台下的观众，她就张大嘴巴，热情地歌唱，并最终成为好莱坞当红的明星。

枕边细语

### 1. 没有绝对的完美

如果我们总是寻找着完美的东西，比如寻找一份完美的工作，寻找一种完美的生活，然后，不知不觉，生命就在寻找的过程中枯萎了，以至于到最后，它都没有来得及释放那真正的美丽。与其追求不能到达的完美境界，不如努力释放真实的美丽。

## 2. 女孩，你是独特的

每个女孩都是这个世界上唯一的、崭新的自我，你确实应该为此感到高兴，因为没有人能够代替你。女孩应该把自己的天赋利用起来，因为所有的艺术归结起来都是一种自我的体现。女孩所唱的歌、跳的舞、画的画等，所有的都只属于自己，而遗传基因、经验、环境等一切都造就了一个具有个性的自己。无论怎么样，女孩都应该好好管理自己这座小花园，应该为自己的生命演奏一首最好的音乐。

## 3. 做你自己，才是最快乐的

对成功和快乐的渴望是女孩们模仿别人的出发点，不过事实已经证明这是一种十分不明智的做法。任何一位因为模仿别人而感到苦恼的女孩，都应该相信这样一句话：做你自己，才是最快乐的，也才是最好的。

# 你的美丽源于自爱

王尔德说过:"爱自己是一场终身恋爱的开始。"年轻女孩应该懂得自尊自爱,如此,你才能更好地爱别人,也才能受到他人的尊重。一个懂得自爱的女孩,她的人生风景会更丰富、更温暖,会有春华秋实,会有感动,会拥有爱。若一个女孩不懂自尊自爱,那么,生活回馈给她的将会是冰冷的孤岛,而自己将被孤独与痛苦所围困。

女人到了一定的年龄,漂亮就会从指缝儿中流失,但自尊自爱的女孩却拥有迷人的底蕴和美丽,那就是来自内心的那份从容、自信,由内而外自然地散发出来,这样的美丽是容颜无法带来的。自爱的女人是美丽的,她们懂得如何打扮自己,这样的打扮并不仅是外表,而是由外表到内心,在进退自如、举手投足之间,都洋溢着优雅、热情与智慧。

周末，梅子找到了朋友，悲愤地控诉了老板对她一而再再而三、变本加厉的羞辱和不尊重，她说："我正在考虑还要不要继续留在那里，为了挣那几百块钱忍受他的羞辱。"朋友任由她发泄，心中不以为意，其实，朋友早就看不惯她与老板那种暧昧关系了。以前，朋友劝了梅子很多次，让她不要跟那种老板纠缠不清，但梅子沉浸于这样的暧昧游戏并乐此不疲。

朋友当然知道，梅子现在的伤心难过都只是暂时的，她说的忧虑之词也不过是随口说说而已。所以，朋友任由梅子发泄，一句话也不说，梅子似乎很不满意朋友的态度，追问着："你说，我该怎么办？"朋友淡淡地说："如果你真的想改变这种不被人尊重的生活，那么，你首先要从你自身的角度去改变，什么是你该做的，什么是你不该做的，你自己

要分清楚。做到自尊自爱，找对了自己的位置，别人才会正视你的价值。"

梅子听了朋友的话，神色有点黯然。

在这个世界上，每一个人，尤其是女人要想得到别人的尊重，首先要学会尊重自己。其实，梅子的伤痛何尝不是某些女人的伤痛，如果你总是这样不懂得自尊自爱，最终会在这样的游戏中迷失自我。女人，要找准自己的位置，找回迷失的自己，懂得珍惜自己，保护自己。只有自尊自爱，才会让你避免那些不公平的责难与羞辱。

### 1. 女孩，学会自尊自爱

女孩，要学会自尊自爱，做一个受人尊敬的人。试想，如果一个失去了自尊、不懂得自爱的女孩，凭什么去指望得到别人的爱呢？女孩的自尊自爱，就是即使面对伤害，也能为自己点燃明亮的火柴；即使失去了一切，也会重新鼓起勇气,勇敢地站起来。

## 2. 尊重自己,同时赢得尊重

做一个自尊自爱的女孩,即便是一杯苦咖啡也能喝出情调,即便是一次傍晚散步也能踏出诗情画意。自尊自爱的女孩,她把每一次恋情都演绎得纯净,把每一件衣服都穿出品位,把每一款饰品都戴出光彩与尊贵。

自尊自爱的女人,她同样诠释着女人的不同角色,而且堪称完美演绎,她会是一个好女儿、好恋人、是姐妹的知心好友、是异性的知己。做一个自尊自爱的女孩,你在珍惜自己,爱护自己的同时,会赢得所有人对你的尊敬与敬重。

# 女孩，请先爱你自己

每个女孩都希望得到别人的尊重和爱，确实，只有从别人的身上体会到了尊重和爱，这样的人生才有意义，才会快乐。不过，许多女孩在追求这种尊重和爱的时候往往忽略了一个十分重要的前提，那就是自尊自爱。

有一个叫卡拉的女孩子，她是一个非常漂亮的女孩子，在交男朋友方面总是很豪爽、不拘小节。有人曾说："这个小镇上人杰地灵，出过很多优秀的男孩。可是，如果你没有成为卡拉的男朋友，那么你就永远算不上这个镇上真正优秀的男孩。"听说，卡拉交往过的男朋友完全可以组建一个小公司，而且每个人都那么出色，但卡拉从来没真正地对待过感情，在她看来，恋爱不过是一场游戏而已。卡拉和每个男朋友相处的时间都不会超过3个月，当她感到厌烦的时候，就会寻找新的目标,卡拉的整个青春期都是在这种浑浑噩噩的状态中度过的。

后来,卡拉到了谈婚论嫁的年龄,不过让她感到惊讶的是,竟然没有一个男人愿意娶她,连一直对她死心塌地的男人也不愿意,他们告诉卡拉:"你只适合当情人,而不适合当妻子。因为没有一个人会愿意娶一个不自爱、没有尊严的女人。"那些男人之所以疯狂地追求卡拉,只是为了寻找新鲜感和刺激罢了,至于结婚,他们和过去的卡拉一样,从来没有考虑过。

现实生活中,女孩要养成自尊自爱的习惯。因为只有懂得自尊自爱的女孩,才会在生活中树立起自信,才能自强不息。而且,只有懂得自尊自爱的女孩,才能得到别人的尊重和爱。

女孩只有懂得了自尊自爱，才能真正珍惜自己的生命和人格，才会真正意识到生命的价值，才会有勇气面对人生。不仅如此，女孩懂得了自尊自爱，就一定可以维护自己的正当权利且勇敢地承担起做人的责任。

**枕边细语**

### 1. 正确爱自己

当然，自尊自爱并不等于傲慢无礼、目空一切，所谓的自尊和自爱指的是既要尊重和爱自己，也要尊重和爱别人。自尊自爱的目的是不让自己受委屈，也不让自己放弃做人的尊严。想要让你的生命有意义，想要做一个优雅的女孩，那就必须首先学会自尊自爱。

### 2. 多爱自己

自爱，就是爱自己，对自己好一点，从而将自己的生活变得美好、精彩，过有品质和有品位的生活。女孩千万不要因为受到一点点伤害就自暴自弃，不要为了得到某些东西而妥协，不要因为别人的不爱而放弃对自己的爱。对每一个女孩而言，只有懂得了自爱，才能真正懂得如何去爱别人。

# 第03章

自律自控——不忘初心,方得始终

# 养成良好的时间观念

斯宾塞曾说过："必须记住我们的学习时间是有限的。时间有限，不只是由于人生短促，更由于人事纷繁。我们应该力求把我们所有的时间用去做最有益的事情。"

时间对我们每个人都是平等的，谁有紧迫感，谁珍惜时间，谁勤奋，谁就可以得到时间老人的奖赏。养成良好的时间观念是一个人成功的基本前提，不过这并不意味着全部。特别是对女孩子而言，良好的行为习惯是多方面的。

安妮是哈佛大学艺术团的歌剧演员，她有一个梦想：大学毕业后，先去欧洲旅游一年，然后要在纽约百老汇占有一席之地。心理老师找到安妮说："你今天去百老汇跟毕业后去有什么差别？"安妮仔细一想，说："是呀，大学生活并不能帮我争取到去百老汇工作的机会。"于是，安妮决定一年后去百老汇闯荡，老师感到不解："你现在去跟一年以后去有什么不同？"安妮想了一会，对老师说："我决定下学期就出发。"老师紧紧追问："你下学期去跟今天去，有什么不一样呢？"安妮有点眩晕了，她决定下个月就去百老汇。老师继续追问："一个月以后去跟今天去有什么不同？"安妮激动不已，说："给我一个星期的时间准备一下，我就出发。"老师步步紧逼："所有的生活用品在百老汇都能买到，你一个星期以后去和今天去有什么差别？"安妮激动地说："好，我明天就去。"老师点点头："我已经帮你预订了明天的机票。"

第二天，安妮赶赴了百老汇，当时，百老汇的制片人正

在酝酿一部经典剧目，许多艺术家都前去应聘。应聘步骤是先挑出10个左右的候选人，然后，再要求每人按剧本演绎一段主角的对白。安妮到了纽约后，费尽心思从一个化妆师手里要到了剧本，在之后的两天时间里，她闭门悄悄演练。到了正式面试那天，安妮表演了一段剧目，她感情真挚，表演得惟妙惟肖，制片人惊呆了，当即决定主角非安妮莫属。

安妮穿上了她人生中的第一双红舞鞋，她的梦想实现了，尽管之前的她是犹豫的，不过她依然抓住了时间——马上出发。在生活中，许多追逐梦想的人总是磨磨蹭蹭，前怕狼后怕虎，结果硬生生地耽误了时间，错失良机。

### 1. 提高学习效率

女孩应该提高学习效率，科学地利用大脑。通常学习一小时左右，大脑就会疲倦，如果这时依然继续学习的话，学习效率是较差的。所以，女孩可以交替学习，这样大脑各部分就可以得到轮流休息，从而达到提高学习效率的目的。

### 2. 善于利用时间

对于一些事情，最好是用整段的时间，一气呵成，最后才能出个结果。对此女孩要善于利用时间，比如计算一道很困难的数学题，假如每天思考一会儿，又去干别的事情，那第二天再来思考的时候，就又会不记得昨天的思路，这样就会很耽误时间。

### 3. 避免养成磨蹭的习惯

女孩只有在体会到磨蹭会给自己带来损失之后，她才会自觉地快起来。比如，女孩早晨有磨蹭的习惯，假如女孩真的上学迟到了，老师肯定会询问迟到的原因，女孩受到批评之后，就会意识到磨蹭给自己带来的害处了。

### 4. 巧妙利用倒计时

对于女孩来说，有的事情是硬性的任务，必须在某个时间段完成，这就要求女孩利用"倒计时"的方法来安排时间。比如，在一个月之内必须做完的事情，可以算算还有多少天，规定每天做多少，当天没有完成的话，需要及时补上。女孩明白假如不能按时完成，错过了机会，那就前功尽弃了。

### 5. 有一个规律的作息时间

女孩子的心理过程随意性较强，自我控制能力比较差。比如，经常一边吃饭，一边看手机；一件事情没有做完，心里已经开始想到另外一件事情了。这样一不注意就会养成"拖延"的坏习惯，良好的作息习惯是养成时间观念的前提。女孩可以制作一张作息时间表，什么时间起床，洗漱需要多长时间，吃早餐需要多少时间，放学后做什么，几点睡觉，做出合理的安排，只有将作息时间固定下来，形成习惯，女孩才会对时间有一个明确的认识，进而养成良好的时间观念。

# 女孩脾气不能太坏

很多时候，女孩情绪不好，是自己修养不够。脾气，是日常生活中经常碰到的普遍心理现象之一。当然，脾气有好有坏，有的人脾气坏，遇事冲动，对一些不顺心或自己看不惯的事情，常常容易生气或怄气，经常与人争吵，说出一些使人难堪的话，影响正常的人际交往；相反，脾气好的女孩，无论到哪里，都会受到欢迎，大家都喜欢与她合作、共事。

女孩的坏脾气，常常与娇生惯养、溺爱、得不到家庭的温暖或父母过于严厉有关，另外，人生道路的平坦或坎坷，对脾气也会产生重大影响。虽说，一个人的脾气、性格有稳定性的一面，但并不是说其脾气、性格是固定不变的，所以，坏脾气是可以改变的。试着将坏脾气化作挑战力，努力改变自己的坏脾气。

有一个男孩很任性,经常对别人发脾气。一天,他的父亲给了他一袋子钉子,并告知他:"你每次发脾气时,就钉一颗钉子在后院的围墙上。"第一天,这个男孩发了37次脾气,所以他钉下了37颗钉子,慢慢地,男孩发现节制自己的脾气要比钉钉子容易些,所以,他每天发脾气的次数就一点点地减少了。

终于有一天,这个男孩能够克制自己的情绪了,不再乱发脾气了。父亲告知他:"从现在起,每次你忍住不发脾气的时候,就拔出一颗钉子",过了很多天,男孩终于将所有的钉子都拔了出来。父亲拉着他的手,来到后院的围墙前,说:"孩子,你做得很好,但是现在看看这布满小洞的围墙吧,它再也不可能恢复到以前的样子了,你赌气时说的

伤害别人的话，也会像钉子一样在别人心里留下伤口，不管你事后说了多少对不起，那些伤痕都会永远存在。"

在生活中，每天可能都会发生一些不如意的事情，但是，这并不能成为我们发脾气的借口。当自己想要发脾气的时候，应该做的第一件事是尽量让自己平静下来，以理性的眼光去看事情，思考到底出现了什么问题，而不是乱发脾气，任由坏脾气爆发。

每一次发脾气说出的话语、做出的行为，都像那一个个被钉子钉出的小洞，再也不可能恢复到以前的样子了，那些伤害会像钉子一样在别人心里留下伤口，不管事后说了多少对不起，那些伤痕将会永远存在。这就是不良情绪给我们身边人带来的最大伤害。

### 1. 看别人不顺眼，是因为自己修养不够

对于坏脾气的人来说，看别人总是感觉不顺眼，事实

上，心理学家告诉我们："看别人不顺眼，是因为自己修养不够。"一个人的优雅关键在于控制自己的情绪，坏脾气的人习惯于用嘴伤人，实际上这是最愚蠢的一种行为。对于任何事情，我们都不要任由坏脾气肆意妄为，因为存在即有其合理性。

## 2. 坏脾气，坏处多

现实生活中，许多人在生气或愤怒的时候，经常是脸红脖子粗，恨不得把自己心里所有的消极情绪都发泄出来；一到消沉的时候，就一蹶不振，自暴自弃，刻意贬低自己。这几乎是坏脾气的人的一些日常表现，事实上，坏脾气带给我们生活的影响远不止这些。所以，尽可能地克制住自己的激动情绪，让人与人之间的关系变得和谐而自然。学会换位思考，或者直接置身事外，将坏脾气化作动力，为自己加油呐喊！

## 别为自己的懒惰找理由

懒惰的女孩总是不断为自己寻找借口,但借口往往不会帮助你,只会害了你,所寻找的借口越多,你就会变得越来越懒惰。只动脑想借口而不愿意去做事情,然后把错误归咎于别人,每次都从别人身上找原因,而不是寻找自身的原因,这样就会使自己丧失前进的动力。

懒惰是借口的来源。在生活中,人们通常会说:"这不是我的原因,是因为他没有做好""不是我不想学习,是因为我起床晚了一些""不是我工作不努力,是因为主管看不上我"。这些话听起来是不是很熟悉呢?是的,因为我们自己也经常说这样的话,寻找这样的借口来掩饰自己的懒惰。

懒惰会让女孩的心灵变得灰暗,会让她对勤奋的人产生嫉妒心理。一个懒惰的人总会寻找借口,看到别人获得了财富，她会说："他只是比较幸运而已。"看到别人比自己更有才智，她只会说："因为我的天分不如别人。"这样处处为自己寻找借口的女孩是难以获得成功的。

1872年，只有24岁的哈同一个人来到中国上海谋生。当时他没有任何积蓄，也没上过学，不懂得任何技术。但是，他渴望在上海立足，通过自己的学习去挣钱。

哈同利用个子高的优势在一家洋行谋得了一份看门的生计，尽管很多人会看不起这份工作。不过哈同却觉得没什么，他希望以这份工作为起点，通过自己的不懈努力，积蓄能力，以后找到更好的工作。

哈同平时工作十分认真，尽职尽责。晚上休息的时候，他就会埋头苦读一些经济和财务的书籍，以此来提升自己。忠于职守和善于学习的态度让他深得老板的喜欢，老板觉得他是可造之材。于是，他便把哈同调到了业务部门当办事员。

哈同继续努力工作，每天都在为如何做好工作而思考。在这样坚持不懈的努力下，他业绩越来越出色，慢慢被提升为业务员、大班等。这时候，他的工资已经增加了，不过，心怀大志的他并不因此而感到满足,他想拥有自己的企业。

1901年,积累了资本和能力的哈同离职,开始独立运营商行,并命名为"哈同商行",主要以经营洋货买卖为主。当时,他以敏锐的眼光发现中国上海与此相对比的竞争品并不太多,这样消费者就不能货比三家。所以,通过市场,哈同获得了高额的利润,哈同商行也越做越大。

我们仔细注意哈同的工作历程,就不难发现他成功的秘诀,那就是"脚踏实地,循序渐进"。他对自己的每一份工作都能做到勤勤勉勉,忠于职守,并且不是急于求成,而是循序渐进地做下去,慢慢登上成功的宝座。

女孩，假如你跑得慢，就需要比别人更勤奋一些。懒惰是一种习惯，勤奋也是一种习惯，既然都是一种习惯，为什么不把自己变得勤奋一些呢？克制懒惰，时间长了，我们就会变得勤奋起来，而不再为自己的懒惰寻找借口了，成功之手也会向我们伸过来。

枕边细语

### 1. 懒惰是借口的来源

懒惰是借口的来源，如果我们不再为自己找借口，那就必须让自己变得勤奋起来。生活给我们每个人一样的平台，谁跑得快，谁就能第一个站在台上接受鲜花和掌声。假如你跑得慢，那就只能在后面忍受别人的讥讽。

### 2. 越勤奋越自信

与懒惰相反，一个永远勤奋而且乐于主动工作的人，将会得到赞许和器重，还会为自己赢得一份重要的礼物——自信。

# 女孩的自省与自救

其实，在生活中，女孩除了要善于向别人提出问题，还要善于向自己提问。向自己提问，其实是对自己的一个很好的总结。在生活中，我们既不能时刻来反省自己，看清自己，也不能把自己放在局外人的位置来观察自己。因此，在大多数的时候，我们只能借助外界的一些信息来认识自己。所以，我们在认识自己时很容易受到外界信息的暗示，迷失在环境里，并习惯性地把他人的言行作为自己行动的参照。向自己提问，就是进行每日总结，以此来了解自己。

据说曾国藩有晚上写日记的习惯，其目的就是睡前问自己，总结自己一天在言行上的不妥之处，好的继续发扬，不好的则记下来今后改之。这就是一个很好的习惯，每天睡前反省自己，可以更好地了解自己。

萨拉女士，曾担任某银行董事长，同时兼任几家大公司的董事，是美国财经界的重要人物。萨拉女士之所以如此成功是源于她这么多年自省的习惯。

从懂事那天起，萨拉女士总是随身携带一个小本子，将自己每天需要做的事情记录在上面。而且，萨拉女士还会定期反省自己，比如每个周五的晚上，就是她的自省时间。在这段时间，她会完全推掉所有的社交活动，哪怕是家人聚会也不参加，她会一个人在家里进行认真反省。在自我反省的过程中，她总会把过去一周的工作进行梳理、反思。萨拉女士经常会反思：当时自己是哪里做得不到位？有哪些地方是做得好的，接下来需要继续坚持？从这些事情中可以得出什

么样的经验？虽然这样的自省会让萨拉女士意识到自己的缺点，也会感到烦躁，但是她依然每周坚持这样做。最后，随着年龄的不断增长，那些曾经犯过的错误越来越少。

当达尔文刚刚完成其不朽的著作《物种起源》的时候，他已经预料到这个革命性的学说公开发表后必然会给整个宗教界乃至学术界带来震撼，所以，他花了15年来寻找自己的不足之处，不断地进行自我批判，不断地向自己的理论挑战，批判自己的结论。所以，与其等着别人来批评我们或者批判我们的工作，倒不如自己严格要求自己，做自己最严格的批评者。

年轻女孩最好是每日睡前总结，完成睡前"五问"。入睡前的总结工作，其实也是很有效率的提升自我的手段之一，那么，在睡觉前我们应该问自己哪五个问题呢？

### 1. 今天有所收获吗

躺在床上，开始回忆白天，回想自己收获了什么？做了什么事情？达到了什么样的效果？以后还有哪些需要改进的地方？将这些事情梳理一遍，加深在大脑中的印象。

## 2. 我投入激情了吗

有激情地做事，才是有兴趣地做事。当别人都在学习的时候，我是在跟别人聊天，还是在玩游戏？教授讲课的时候，我在认真思考吗？还是思想开小差了？假如自己真的在认真学习，那明天要继续保持这种状态；假如自己学习不认真，那就要自我反省，下次改正这个坏习惯。

## 3. 我今天的得与失在哪里

善于总结才能有所进步。得与失，将是今日的收获。得，就是从中学到了哪些知识，自己在思维上有什么明显的变化，自己懂得了什么道理；失，就是因为学习不认真所造成的失误等，可以花时间和精力补回来。

## 4. 明天我还有哪些任务

临睡前，再想想，明天自己还有哪些任务呢？除了按时上课，需要写个方案？做个PPT？阅读一篇课外文章？听一小时的英语？

## 5. 今天我过得快乐吗

我们要学会享受生活，才能体会到学习的乐趣。今天的学习快乐吗？快乐是因为什么产生的呢？是因为知识的魅力。不快乐是什么造成的？仅仅是因为学习枯燥吗？还是其他方面的原因。

# 好的学习习惯，使你终身受益

韩愈说："书山有路勤为径，学海无涯苦作舟。"重复式的学习方法是每个女孩最常用的，也是必须使用的学习方法，同时也是最基本的学习方法。没有重复的过程，知识还在书本上，不会成为自己的。而只有真正地掌握了知识本身，女孩才会体会到它深刻的含义，才能使知识成为她们自身的一部分。

公司准备举办一场宴会，需要把最近几年来公司的客户以及相关的人员都请来，借此机会联络一下感情，一起探讨一下未来的发展计划。可粗心大意的玛丽不知道怎么搞的，一下就把联系人的电子文档覆盖了，瞬间把名单和电话全弄没了。这可怎么办呢？

新来的同事维茨里走了过来，安慰道："你先别急，这份文件我看过,你先把你能记住的在中午之前给我,能做到吗?"玛丽点点头,努力回忆着文件里的名单和数据。下午维茨里拿着电脑走过来,名单和数据全在上面,玛丽惊讶极了:"这么多人,你怎么记住的?"维茨里指着自己的大脑,笑着说:"靠这里记下来的,这是我们犹太人的自豪之处。"

玛丽很感兴趣:"你们怎么记忆力如此惊人呢?"维茨里笑着说:"从小就背诵《圣经》,这可以培养我们的记忆力,比如我儿子现在才两岁多,就能背诵一整页的《圣经》内容了。"玛丽有些疑问:"可是,《圣经》的内容好晦涩,他能懂吗?"维茨里回答说:"不用他懂,他现在只要会背就行,慢慢地,以后他长大了就有我这样的超强的记忆力了。"

学习就是一个不断重复的过程。天生就聪明过人的孩子毕竟是少数,只有在学习过程中不断地重复,才会加深自

己对知识的记忆，也才会为孩子以后的学习打下基础。就如何重复学习，新东方的俞洪敏曾说："坚持每天挤出一点时间来关心一件事情，你就会成功。世界上成功的秘诀就和背单词一样，是一个不断重复的过程。先做专，再做宽，先做到本本精，再做到本本通，才能够成就大事。先单词，后课文。每天写下三到五件事情，一步步做下来，安排好，我就是这样的，我就是现在的老俞了。"

## 1. 制订合适的学习计划

许多女孩抱怨自己太累，要看要学的东西太多了，每次面对课本时都无从下手，其实造成这个现象的最大原因就是学习没有计划。制订一个学习计划可以快速提升女孩的学习效率，让女孩在有限的时间里最大限度地完善自己的不足之处。比如，制订日计划和周计划，将计划与课本内容相结合，每天哪个时间段看什么课本，在多长的时间内应该看完这本书，多久的时间来进行复习，看到什么样的程度之后需要通过做题来检验等。

### 2. 做好课前预习

女孩在学校学习的时间是有限的，如果她能养成预习的好习惯，并坚持预习养成自学习惯，课前把那些原本不会的学会，掌握新知识，对新知识积极思考，时间久了就会养成良好的学习习惯，提高自学能力，在以后的学习生涯中，女孩就会觉得越学越会学，越学越轻松。

### 3. 培养自己对弱势学科的兴趣

"兴趣是最好的老师"，有的女孩子偏科就是对该学科缺乏兴趣。对此，女孩应想办法培养自己对弱势学科的兴趣，多了解这个科目在现实生活中的应用，这样女孩会从心理上自觉消除厌恶感和抵触感。

### 4. 使复习计划留有余地

许多女孩子虽然按照计划复习了，却并没有取得良好的效果，造成这种结果的原因是多方面的。针对重要考试所制订的复习计划，时间安排肯定是很紧的，但是复习计划还需要留有一定的余地，切忌"满打满算"。比如，晚上七点到八点复习语文，八点就开始复习数学，这样安排就太紧了，在这中间应该有个缓冲时间，七点到八点是语文时间，八点十五分以后再复习数学，这样语文复习之后可以轻松一些，喝水或者小憩一会儿，稍微休息一下，而不是连轴转，以免女孩身体承受不了。

# 女孩，请保持身体健康

巴尔扎克说："有规律的生活原是健康与长寿的秘诀。"年轻女孩，需要铸就健康的身体。许多女孩子因为缺少运动成了小胖墩、近视眼、含胸驼背，这样的身体状况造成了内心的自卑心理。

女孩平时学习比较紧张，有时候身体会吃不消，这时候更需要一个强健的体魄来支撑学习。身体是革命的本钱，只有身体健康，学习才能持续进步。

梦洁刚刚大学毕业，在家人和朋友的帮助下找了一份不错的工作，每个月薪水不少，唯一的不足就是太忙了，忙得都没有睡觉的时间。所以，早上为了能赖那么十几分钟的床，她索性就省去了早餐。中午的时候，当别的同事都出去吃饭了，梦洁还在公司忙碌着，经常点外卖。在她看来，中午这顿不用花多少心思,因为白天大家都忙,还不如留着肚子晚上吃个痛快。傍晚,梦洁结束了一天的工作,约几个好朋友去酒吧玩儿,喝酒、唱歌、跳舞,好像要把白天工作所带来的那种负荷都摆脱得一干二净。玩儿到很晚,大家才散伙,因为在酒吧只顾着喝酒,梦洁这时候才发觉饿了,于是又吃着路边的烧烤,或者回家泡面。

她从来没有觉得自己的饮食有什么问题,直到她最近觉得身体不太对劲儿。在医院,当医生把"亚健康"这样的字眼抛给了梦洁时,她有些不相信,自己正值青春年华,怎么会处于亚健康状态呢?

也许，我们身上都有梦洁的影子，不讲究早餐午餐的营养，却贪恋深夜的美味烧烤。但是，如果不良的饮食习惯和身体健康摆在面前，自己又会做出怎么样的选择呢？虽然受到了医生的警告，但有的人还是"不见棺材不落泪"，任性地折腾自己的身体，直到躺在了医院才发现事情的严重性。

**枕边细语**

### 1. 预防近视

培养正确的读书、写字姿势，不要趴在桌子上或扭着身体；看书写字时间不能太长了，持续一小时左右就需要短时间的休息；认真做好眼保健操；多进行一些户外运动，比如放风筝、打羽毛球。另外，在饮食上，还需要注意多吃些含甲种维生素较丰富的食物，比如各种蔬菜、动物的肝脏、蛋黄等。

### 2. 劳逸结合

在平时的生活中，注意劳逸结合，避免过度疲劳；保持情绪稳定，以免因为情绪波动而影响血压波动；适当锻炼身体，多做一些有益于心脏健康的锻炼，如游泳、跑步等；不吸烟、不酗酒，坚持良好的行为习惯。

### 3. 保证充足的营养

年轻女孩需要足够的营养，才能保持良好的身体和精神状态。每日摄取的食物中要有足够的热量及蛋白质。当然，你在摄取高热量、蛋白质的时候，应该以平衡膳食、全面营养为原则。应当做到荤素搭配、主副食搭配，每顿饭中食物种类要多一点。

### 4. 适当运动

许多女孩子不愿意外出运动，天天窝在家里玩电脑，还有部分女孩子喜欢睡懒觉，一到休息日就睡到中午，不吃早饭，既怕热又怕冷，不愿意运动。其实，女孩在学习之余，可以进行适当的运动，比如跑步、打羽毛球、游泳等，以此达到锻炼身体的目的。

# 自我完善，不忘虚荣的代价

莎士比亚说："轻浮和虚荣是一个不知足的贪食者，它在吞噬一切之后，结果必然牺牲在自己的贪欲之下。"

虚荣心是以不适当的虚假方式来满足自尊的一种心理状态。虚荣心对年轻女孩子来说是一种可怕的心理。虚荣心强的女孩子在成长过程中经常会出现这样一些问题：她们为了满足虚荣心而经常说谎、情绪不稳定、不认真学习、缺乏意志力等。

早上，王雯穿着新买的裙子上班，心里别提多美了，心想：这身打扮应该会把办公室那群人给比下去，不知道多少人会称赞自己有品位呢！来到办公室，王雯还没有来得及炫耀自己的新裙子，就看到一大群女人围着李倩，嘴里发出阵阵赞叹声。王雯心中顿感不快，挤着围过去一看，原来，李倩今天也穿了新裙子，无论是款式还是质量，都在自己所穿的裙子之上。王雯看了一眼，满脸不屑，气冲冲地走了，身后传来同事的议论："她总是这副样子，爱比较，比了又生气，真是，搞不懂这个人……""可不是嘛，要我说啊，就是嫉妒心在作怪，每次都这样子，都已经习惯了。"

听了同事的议论，王雯的怒火腾地上升了，她回过头，大声责问道："你们说谁呢？"同事们纷纷走开了，只留下脸红脖子粗的王雯。生气的王雯进了卫生间，对着镜子重新审视自己的裙子，越看越生气，一气之下，王雯拉着裙子的下摆猛地一扯，本来只是发泄心中的怨恨，没想到，新买的裙子居然被扯出了一条长长的口子。看着镜子中的自己，王雯气得哭了起来。

对于一些虚荣心、私心较重且心理欲望较高的人来说，他们时常会因为攀比把自己气得够呛，到最后，他们也不知道事情到底错在哪里。心胸狭窄的人，总喜欢以己之长比人之短，喜欢计较个人名利得失，越比较越是痛苦，感觉自己真的"吃了亏"或"运气不好"，甚至开始抱怨自己是"生不逢时"。看到自己的朋友当了官、发了财，自己的心理就很不平衡，总想着之前他还不如自己呢，但是，他们却不去思考对方取得成功的原因。

### 1. 树立正确的荣誉观

只有女孩树立了正确的荣誉观，有了荣誉感，才会激励自己不断进取，不断奋发向上。女孩应该明白这个道理：同学们吃大餐、穿名牌、坐名车并不值得你羡慕、嫉妒，因为这不是一种荣誉，只有你的学习成绩优异才是一种荣誉。

## 2. 学会自食其力

当女孩为了虚荣心而攀比的时候，你可以告诉自己："不是不可比，而是要通过自己的努力，去创造与别人相同的条件，从而巧妙地将攀比化成动力。"比如，女孩想跟别的孩子比手机的档次，那女孩可以通过自己打工攒零花钱购买手机。这样不仅解决了女孩盲目攀比的难题，还让女孩形成了节约意识，养成动手动脑的习惯。

# 第04章

独立自主——路在脚下,行在远方

# 独立是女孩人生的基础

穆尼尔·纳素夫曾说:"独立能力是人生的基础。"女孩要学会自立,在人生路上总会出现各种各样的困难,而女孩遇到的困难会更多,不过不管遇到什么样的困难,都不要气馁,不要没有节制地依赖别人,而要坚强地让自己站起来,战胜困难和挫折。

在小镇的一个超市,15岁的安妮站在收银台边上,正忙着帮客人把买好的东西一件一件麻利地装进购物袋,15岁的安妮平时非常忙,除学习之外,安妮不但是学校学生会成员,而且还是学校羽毛球队的队员和省女子青年组足球队队员。几乎每天晚上和周末,安妮不是有训练,就是有学生会的工作,要么就是有比赛。

一位在购物的朋友跟安妮打了个招呼,安妮也很有礼貌地回应，朋友问安妮："暑假有什么计划？忙了一年，是不是要利用暑假的时间好好地休息一下外出度假呢？"没想到安妮兴奋地告诉朋友："今年暑假我要参加教会组织的志愿者活动，去非洲的一个小镇，帮助照看当地的战争孤儿。为了筹集资金，在接下来的几个周日，我会来超市帮人装购物袋，周六在农夫市场出售自己烤的蛋糕和饼干，赚的钱可以用于我去非洲的部分开支。"朋友关心地问："你父母同意吗？"安妮笑着说："他们为我的想法感到骄傲，非常支持我。不过，他们给我提了个要求就是必须自己筹集去非洲一个月所需的全部费用，他们想看我是不是真的有去非洲做义工的决心，所以这几个月我都要忙着筹款了。"

安妮的人生无疑是精彩的，而这份精彩源于她独立的性格和对自己负责的态度。独立是女孩人生的基础，是女孩战胜困难，探索更广阔人生的勇气的源泉。

## 1. 请对自己负责

独立的个性可以让女孩更积极地管理自己，女孩需要摆脱被动地听话，避免等着父母来帮自己做决定，等着他人来帮自己做决定。通常来说，那些不具有独立性的孩子，不自觉、不自律地生活，长大后就会被社会淘汰。女孩要学会自己的事情自己负责，自己解决，管理好自己的生活。

## 2. 请求父母不要参与自己的个人事务

对于女孩自己的事情，女孩应该自己解决，别让父母参与自己的个人事务。即便女孩自己的选择有幼稚、不完美的地方，哪怕是不成熟的决定，那也是自己的决定。女孩需要这种自我选择、决断的机会，这样女孩就会在失败中走向成熟，独立性也会得到有效提升。

### 3. 相信自己的能力

女孩要相信自己的能力，寻找锻炼自己的机会，只要自己能够做的，就应该去做。只要是自己能想到的，就要去尝试，同时请求父母给自己机会，放手让自己去做一些能够做好的事情，这样会增加自己的自信，获得成就感。

# 你不需要依赖谁

理查德·尼克松曾说:"我们有必要恢复我们的理想、命运和我们自身的信念。我们活在世上不只是为了享乐和自我满足。我们负有创造历史的使命——不漠视过去、不毁弃过去、不向过去倒退,而是发奋向前、积极向上,为未来开辟新的前景。"

独立生存能力就是女孩遇事有主见,有成就动机,不依赖他人就可以独立处理事情,积极主动地完成各项实际工作的心理品质,同时,它将伴随勇敢、自信、认真、专注、责任感和不怕困难的精神。

李菲说:"或者因为我在单亲家庭长大,自小就知道是妈妈独自一人将我和弟弟养大,她从来没有依靠过任何一个男人,所以,我从小到大的概念就是:女人一定要靠自己,即使以后有了男朋友,也不能一味地依靠别人。而且,老了仍需要独自面对体力衰弱和健康问题，所以，女人要自强，最要紧的是经济独立。"

李菲看上去很美丽、聪慧、温婉，从外表上看，有些让人怀疑她的身份。但正是这样一个女人，却让江城房地产界刮起了最强烈的"美景天城"的旋风。或许，只有跟她说话，你才会感受到她那温婉之下隐藏的魅力：果敢、决断、大气和机智。而促使她最终走向成功的就是独立与自强，她说："我认为美丽的女人应该是独立的，自强的。曾经有这样一句话：好女人是一所大学。一个独立自强心灵美的女人是一所大学，不但滋润着家庭，而且会在很多方面给周围的人带来启发。同时，她的美丽、睿智、学识还会在潜移默化中给孩子的成

长带来极大的良性引导。"

一说到女孩的独立，人们总会想到一个高举红旗、坚决与男人进行抗争的女人形象。一直以来，这种形象在全世界被广泛宣传，于是，许多女孩觉得独立自强就是这个样子。其实，女孩的独立并不在于与男人的抗争中，而在于找准自己的位置。独立自强是一种人生境界，它需要女孩具备高素质的心态和新的价值观。

女孩的独立体现在生活、思想方面。首先，女孩应该思想独立，在思想上，需要有自己的想法独特的个性，但切记不可张扬；其次，女孩要生活独立，在家里自己的事情自己做，不要任何事情都依赖父母，尤其是那些力所能及的事情，更需要自己动手做，比如洗衣服、帮妈妈择菜、煮饭、打扫卫生等。

### 1. 在游戏中培养积极性

在平时的生活中，女孩不妨通过游戏来培养自己的积极性，比如干家务时与父母比赛，看谁做得又快又好。通过这样一些活动，培养自己独立自主的生活能力。同时培养自己的自我教育能力和时间观念，让自己懂得什么时候应该做什么事情且一定要做好。

## 2. 培养独立意识

女孩需要长大，如果成为一个大孩子了，那在生活和学习方面不能完全依靠父母和老师，而是需要慢慢地学会独立生存、生活、学习和劳动。自己的事情自己做，遇到问题和困难自己要想办法解决。

## 3. 合理安排闲暇时间

女孩不妨做一个理智的近期分析，看看自己短期之内达到了哪些目标，各种活动对自己发展的意义有多大等，然后做出一些时间安排，并在执行计划中不断修改。女孩可以利用平时的闲暇时间，开展一些有益的活动，比如唱歌、跳舞、下棋等，尽可能培养自己的兴趣爱好，让生活变得更充实。

### 4. 培养生活自理能力

在平时的生活中，女孩们应学会自己铺床叠被，学会洗衣服，学会摆放碗筷、收拾饭桌等。隔一段时间，女孩可以整理一次东西，这样才能形成独立生活的能力。即便女孩做不好家务，但只要养成遇事全力以赴的习惯，就会对自己的性格产生积极的影响。

# 那些不可想象的事

富布赖特说:"我们要敢于思考'不可想象的事情',因为如果事情变得不可想象,思考就停止,行动就变得无意识。思考就像播种一样,播种越勤,收获也就越丰。一个善于独立思考的女孩子一定能品尝到清甜的果实,享受到丰收的喜悦。"

独立思考是击破思维定式的有效武器,无论是在创新思考的开始,还是在其他某个环节上,当我们的创新思考活动遇到了障碍,陷入了某种困境,难以再继续下去的时候,往往都有必要认真检查一下:我们的头脑中是否被束缚?我们是否被某种思维定式捆住了手脚?

**枕边细语**

## 1. 学会独立思考

女孩在平时生活中要学会独立思考，每次遇到什么难题，都要留给自己思考的空间，而不是动不动就问父母或老师。当遇到一些事情或问题的时候，多问问"这是怎么回事""假如是我，我会采用什么办法""对这件事，我是怎么想的"。这样提出一些问题，并逐步展开思考。即便自己很长时间没有思考出什么东西，也不要着急，休息一下，再思考时或许就有答案了。

## 2. 培养自己的好奇心

孔子说过："学而不思则罔。"这是学习与思考的关系，也说明了思考对于学习的重要性。好奇心是女孩子的天性，她们会不断地问"为什么"，这时候不要因父母的压制就克制自己的好奇心，而应该培养自己的好奇心。选择独立思考的机会，积极思考探索，在思考中找出答案，有意识地培养自己独立思考的能力。

### 3. 鼓励自己大胆发问

有人曾经问大哲学家穆尔，谁是他最得意的学生，穆尔毫不犹豫地回答："是维特根斯坦。""为什么？""因为在我所有的学生中，只有他一个人在听我讲课的时候，总是露出迷茫的神色，总是有一大堆的问题。"后来，维特根斯坦的名气超过了罗素，当有人问罗素为什么会落伍时，穆尔坦率地说："因为他已经没有问题了。"

由此可见，女孩子的大胆提问有多重要，这表明她是在积极思考。鼓励提问是智力教育的一种重要方法，平时鼓励自己大胆提问，问得越多，知道得越多，就越能提高自己的独立思考能力。

# 人生阶段需要有想法

在任何关键的时刻，正确的想法都是解决问题的唯一途径。在现实生活中，我们常听人说："我一天到晚都很忙，忙得都没有时间去想。"然而，就是"没时间去想"这五个字，却成为成功与失败的分水岭。

平庸的人只知道"埋头拉车"，而那些睿智的人却努力想出解决事情的最好方法。

**枕边细语**

1. 要有自己的见解

在平时的生活中，遇到一些事情，女孩要勤于提出自己的见解，哪怕你觉得这个见解并不完全合适，也需要大胆说出来，要的就是与众不同。比如在上课时，当老师针对一个问题提问的时候，如果女孩心中有了答案，一定不要退缩，而应该大声说出自己的答案。

## 2. 多阅读书籍

女孩通过广泛地阅读可以获取各种知识，毕竟知识是一个人思想的来源，所谓"思而不学则殆"，建立完整的、系统的知识结构对女孩思考问题非常重要。在课间或周末休息时候，女孩应该保持每天阅读的习惯，所涉猎的书籍可以是天文地理、文学读物等。

## 3. 增加自己的阅历

你已经成年了，那就要有意识地增加自己的阅历。不要害羞，也不要总是宅在家里，而是要跟着父母走出门，比如跟随父母参加聚会、活动等。即便没有父母的陪伴，女孩也可以与同学、朋友一起去郊游，甚至策划一些聚会活动。对于一些社会公益活动，女孩应该积极主动参加，因为这样会使你受益不少。

### 4. 多认识几个志同道合的朋友

俗话说："近朱者赤，近墨者黑。"每个班级都会有一些品学兼优的学生，女孩要善于与这样的学生为伍，多听听他们对一些问题的看法，平时也可以与他们交流一下关于某书籍的读后感。女孩要善于汲取别人好的见解，综合自己的想法，提炼出独立的思想。这样时间长了，自己自然就会成为有想法的女孩。

# 第05章

积极乐观——心有晴天,便无风雨

## 做太阳般温暖的女孩

德国哲学家康德曾说:"发怒,是用别人的错误来惩罚自己。"或许,别人的错误是应该受到惩罚,但并非一定要通过自己的愤怒来实现,而且,生气并不能达到惩罚他人的目的。既然错在别人,自己为什么要生气呢?难道自己发了很大的脾气,对方就能受到惩罚了吗?

结果恰恰相反,气得大哭,哭红肿的是自己的眼睛;气得一个人喝闷酒,伤害的是自己的身体;气得丧失理性,疯狂购物,挥霍的是自己的钱财,其实,这都是对自己的惩罚。而且,生气非但解决不了问题,反而会把问题弄得更加复杂。所以,面对他人有意或无意造成的错误,请学会释怀,这样,生活的天空就会时常出现美丽的彩虹。

王太太心眼小,平时总为一些事情无端生气,而且每一次负面情绪来袭的时候,她都没办法控制自己。时间长了,王太太的脾气越来越差,与家人、朋友的关系也变得疏离了,她这才意识到自己应该改掉坏脾气。

于是,她去山上的寺庙,请求大师帮助。她先是将自己的委屈、烦恼全部诉说出来,大师听了,一言不发,将她带到一间屋子,沏好茶,让她先坐一会儿,然后大师就忙别的事情去了。王太太刚开始还能安静地坐着喝茶,看看房子里的摆设,或看看天花板,打发时间。很快,半小时过去了,大师还没过来,王太太有点儿坐不住了,开始焦躁不安,她左顾右盼,希望大师能早点儿过来。

又过了半小时,王太太忍不住了,她站了起来,在房间里走来走去。她觉得控制不住自己的脾气了,甚至她已经想好了等大师来了如何去发泄自己等了那么久的不耐烦了。

又过了一小时,大师终于来了,开口就问:"你生气吗?"王太太回答说:"我气的是自己,我真是瞎了眼,怎么会到你这种地方来受罪。"大师的眼睛看着远处,说道:"连自己都不原谅的人怎么能心如止水?"说完,拂袖而去。过了一会儿,大师又来了,问道:"还生气吗?"王太太回答说："不生气了。"大师追问："为什么？"王太太无奈地回答："气也没有办法呀。"大师点点头，说道："你的气并没有真正消，那气还压在心里，爆发后将会更加剧烈。"说完，大师又离开了。

大师再次来到门前，王太太主动告诉大师："我不生气了，因为这根本不值得。"大师笑着说："还知道值得不值得，可见你心中还有衡量，还是有气根的。"王太太不解，问道："大师，什么是气？"这时，大师打开了房门，将手中的茶水洒在地上，王太太恍然大悟，向大师叩谢而去。

在大多数时候，生气并不能真正地解决问题，而且，生气是一件不值得的事情，既然生气了还是不能解决问题，那为何不怀着一份开心的心情来面对呢？拥有积极乐观的心态，或许会对解决问题有良好的助推作用。

## 1. 女孩，凡事不会尽如人意

一个人在烦恼时都有这样或那样的理由：受到了不公正的待遇会烦恼，受到了他人的辱骂会烦恼，受到了朋友的欺骗会烦恼等。只要一个人还活着，他就免不了要遭受这样或那样的烦恼，但是，我们要知道很多时候，烦恼只来自我们的内心，本来凡事就不会尽如人意，又何必要烦恼呢？何故要抛弃开心呢？而且，烦恼既伤自己的身心，又会给身边的朋友带来忧虑。所以，学会为生活多增加一些阳光雨露，开开心心，不要烦恼，烦恼的天空是看不见美丽的彩虹的。

## 2. 不在意烦恼，它自会消失

哲人说："生命的完整，在于宽恕、容忍、等待和爱，如果没有这一切，即使你拥有了一切，也是虚无。"生活中本没有那么多的烦恼，而是心境选择，烦恼才会源源不断，从而使我们的生活开始不得安宁。如果你能仔细回想每一件事情，你会发现，原来上天也很眷顾自己，亲人一直陪伴左右，朋友也从未主动离弃。为什么一定要烦恼呢？烦恼是一种奇怪的东西，若是吞下去会觉得反胃；若你根本不在意它，那么它就会主动消失。

## 3. 快乐烦恼，皆由心生

如果你总是任由内心的烦恼横冲直撞，那么，乌云将笼罩整片天空；如果根本不在意烦恼的存在，那么，美丽的彩虹就会重归生活。人生的快乐是享受不尽的，哪里还有多余的时间去烦恼呢？在任何时候，我们都应该永远记住：快乐烦恼，皆由心生。

# 抬头看看你所拥有的

在生活中，年轻女孩总是不由自主地去羡慕、嫉妒别人所拥有的东西，嫉妒别人的工作，嫉妒同学家的新房，嫉妒别人的车子，可是却忽略了一点，我们自己也有别人嫉妒的地方。所以，真的不要去羡慕、嫉妒别人，守住自己所拥有的，清楚自己真正想要的，我们才会真正地快乐。

周国平说："伟大的成功者不易嫉妒，因为他远远超出一般人，找不到足以同他竞争、值得他嫉妒的对手。一个看破了一切成功之限度的人是不会夸耀自己的成功的，也不会嫉妒他人的成功。"嫉妒，是我们为了竞争一定的利益，对相应的幸运者或潜在的幸运者怀有的一种冷漠、贬低、排斥，甚至是敌视的心理状态。换句话说，嫉妒是由于他人胜过了自己而引起的消极情绪。例如，当看到同事比自己有能力时，心里就会酸溜溜的，很不是滋味，不自觉就会对其产生憎恶、羡慕、愤怒、怨恨、猜疑等一系列复杂情感。然而，别人拥有的不一定适合自己，不如随他去吧。

从前，有一位贫穷的农夫，他有一位非常富有的邻居。对此，农夫十分嫉妒邻居，心想：他一个人住那么大的房子，可我呢？一家五口人挤在一个小草房里，上天真是太不公平了。每次遇到这位邻居，贫穷的农夫都会冷漠地走开，似乎保持这样一种姿态就可以满足自己的自尊心。到了晚上，农夫翻来覆去就是睡不着，总想着自己能住上邻居那样的大房子，或者，他向上天祈祷，让那位富有的邻居变得像自己一样贫穷吧。

后来，村子里来了一位智者，据说，他能给那些痛苦的人指引道路，从而让他们过上快乐的日子。农夫也来到那里，发现人们已经排了很长的队伍，而排在自己前面不是别人，就是那位邻居。农夫感到很奇怪：这样一位富有的人也会感到痛苦吗？过了半天，邻居进去了，直到太阳下山，还没有出来，农夫又开始嫉妒了："上帝真是不公平，怎么智者就跟他说了这么多。"终于，邻居出来了，脸上显露了从未有过的笑容。

农夫心中一动,急忙走了进去,智者说:"你为何而痛苦啊?"农夫回答说:"我总是看我那位邻居不顺眼。"智者微笑着说:"这是嫉妒在作怪,你需要做的就是克制自己,想想自己所拥有的东西。"农夫十分生气:"智者啊,你怎么也那么偏袒他呢?给我的邻居那么多忠告,却只给我简单的两句话。"智者说:"你一进来,我就猜到你是因贫穷所带来的嫉妒而痛苦,可是,那位富人进来,我只看到他殷实的外在,看不到他精神的匮乏,详细询问了才知道他的症结所在。"农夫不解:"他也会感到不快乐吗?"智者说:"当然,虽然他比你富有,房子比你大,但是他只有一个人,而你呢?还有贤惠的妻子和可爱的孩子,你所拥有的

正是他所缺乏的，这样一想，你就不会痛苦了。"听了智者的话，农夫心中释然了，他感到快乐的日子离自己不远了。

农夫的嫉妒只会让自己远离快乐，陷入痛苦的深渊，他所看见的都是某些方面，而忽略了可以让自己快乐的因素。在这样的心理状态下，他会认为凡事都是邻居好，自己似乎什么都差劲儿，而经过智者的点拨，他发现原来在自己身上，还隐藏着一些宝藏，而这些都是那位富裕邻居所缺乏的，自己还有什么好嫉妒的呢？

**枕边细语**

### 1. 别忽略眼前的幸福

我们常常为那些不存在的东西而怨恨他人。有的人嫉妒邻居买了新房子，却忽略了自己有一个温馨的家；有的人嫉妒同事买了豪车，却忽略了有一个骑着摩托车的男友接自己上下班；有的人嫉妒朋友有美丽的外表，却忽略了自己温和的好脾气。很多时候，我们对他人产生嫉妒之心的时候，其实就已经踏进了痛苦的陷阱了，因为你已经忽略了眼前的幸福。

## 2. 珍惜你所拥有的

一般而言，好嫉妒的人不能容忍别人超过自己，害怕别人得到了自己无法得到的名誉、地位等，因为在他们看来，自己办不到的事情别人也不能办成，自己得不到的东西别人也不能得到。然而，在这个世界上，每个人都是独特的，或许，从某一方面来看，对方是比自己优越，但是，在另外一些方面，自己所拥有的却是对方未必能得到的。

## 3. 别人拥有的未必适合自己

别人所拥有的并不是适合自己的，而我们所拥有的才是最好的，至少它能够长久地陪伴在我们身边。如果你总是舍弃自己，嫉妒他人所获得的东西，你就会发现，自己什么也没有得到，反而徒增了许多烦恼。所以，做最独特的自己，没有必要心生嫉妒，因为你拥有的他未必能得到。

## 逆境是另一种希望的开始

在人生的道路上，挫折和逆境都是在所难免的，而那些磕绊、坎坷也是我们无法预料的，但是，我们一定要牢牢记住：怀抱希望，永不绝望。在遭遇逆境的时候，不要为此沮丧忧虑，不管发生了什么事情，无论自己的处境多么糟糕，都不要沉溺在绝望中无法自拔，千万不要让痛苦占据你的心灵。心怀希望，当困难来临的时候，我们才有勇气直面困难、打倒困难，并以顽强的意志战胜困难。

亚伯拉罕·林肯在竞选参议员失败后这样说道："此路艰辛而泥泞，我一只脚滑了一下，另一只脚也因此而站不稳；但我缓口气，告诉自己'这不过是滑一跤，并不是死去而爬不起来'。"回看林肯的一生，似乎全是在逆境中生存，但是，在任何时候，林肯都没有放弃过，他始终怀抱着必胜的希望。

因为他怀抱着必胜的希望，所以，他的人生从来没有绝望过。虽然，与逆境相抗的过程给我们带来了压力和痛苦，但是，这些难忘的经历却有可能让我们获得成功。

有一次，阿坚在擦桌子时不小心碰碎了老板一个非常珍贵的花瓶。老板向阿坚索赔，阿坚哪里能赔得起。最后被逼无奈，只好去教堂向神父讨主意。神父说："听说有一种能将破碎的花瓶粘起来的技术，你不如去学这种技术，只要将老板的花瓶粘得完好如初，不就可以了。"

阿坚听了直摇头，说："哪里会有这样神奇的技术？将一个破花瓶粘得完好如初，这是不可能的。"神父说："这样吧，教堂后面有个石壁，上帝就待在那里，只要你对着石壁大声说话，上帝就会答应你的。"

于是，阿坚来到石壁前，对石壁说："上帝请您帮助我，只要您帮助我，我相信我能将花瓶粘好。"话音刚落，上帝就回答了他："能将花瓶粘好，能将花瓶粘好……"

阿坚听后希望倍增，于是辞别神父，去学粘花瓶的技术了。一年以后，阿坚终于掌握了将破花瓶粘得天衣无缝的本领。他将那只破花瓶粘得像没破碎时一般，并且还给了老板。

难道真的是上帝回答了他吗？其实，他需要感谢的是他自己，那块石壁只不过是一块回音壁，他所听到的上帝的回答，其实就是他自己的声音。只要心中的信念在，希望就在。

许多人陷入了逆境，总是悲观绝望，给自己增加很大压力。事实上，逆境是另一种希望的开始，它往往预示着美好的明天。你只需要告诉自己：希望是无处不在的。那么，再大的困难也会变得渺小，再糟糕的处境也会有所好转。

## 1. 人生不能没有希望

魏尔伦说:"希望犹如日光,两者皆以光明取胜。前者是荒芜之心的神圣美梦,后者使泥水浮现耀眼的金光。"要知道,每一个明天都是希望,无论自己身陷什么样的逆境,都不应该感到绝望,因为我们还有许多个明天。只要未来有希望,人的意志就不容易被摧垮,前途比现实重要,希望比现在重要,人生不能没有希望。

## 2. 绝境中找到希望之花

只要你保有希望,你就永远不会有绝望。生活中,每个人在某个时刻都会面临绝境,但它往往并不是真正的生命绝境,而是一种精神和信念的绝境。只要你的精神不倒,保有希望,即使在绝境中,也能开出希望之花。

# 女孩，别开错了窗户

一位小女孩趴在窗台上，看窗外的人正在埋葬她心爱的小狗，不禁泪流满面，悲痛不已。外公见状，连忙引她到另外一个窗口，让她欣赏他的玫瑰园。果然，小女孩的心情顿时开朗。老人托起外孙女的下巴，慈祥地说："孩子，你开错了窗。"

其实，生活就像是硬币的两面，一面是快乐，一面是悲伤。但是，在生活中，因为眼界太狭窄或目光太短浅，我们也常常像小女孩一样开错了窗，看到那悲伤的一幕便情绪低落，萎靡不振。然而，如果我们能开阔眼界，以积极的心态试着打开另一扇窗户，换一个角度看问题，或许，我们会看见如画的美丽风景。很多时候，我们感到痛苦消极，那是因为我们目光太短浅了。我们只专注于眼前，而忽略了长远的打算，于是，总是为着失去的东西而痛苦不堪。

有个人在一次车祸中不幸失去了双腿，当所有人都对他的厄运表示同情、对他的未来充满担忧的时候，他正积极地为自己寻找着新的出路。他的脸上没有痛苦，更没有绝望。

周围的人很是好奇，认为对于一个失去双腿的人来说，生活无疑已经没有了色彩。但他却笑着说道："这事确实很糟糕。但是，我却保住了性命，并且我可以通过这件事认识到，原来活着是一件多么美好的事情——我失去的只是双腿，却得到了比以前更加珍贵的生命。"

虽然，对于他来说，失去双腿是一个无法扭转的事实，甚至还伴随撕心裂肺的疼痛。但是他并没有为此感到

痛苦消极，而是从长远的眼光里领悟到了生命的真谛：即使自己失去了双腿，但是自己还活着，这又何尝不令人感到快乐呢？

在人生的路上，有太多的得，也有太多的失，许多人一直都在计较着得与失，所以，每一天都在抱怨、懊悔中度过，在他们漫漫人生之中，没有哪一天能够真正地快乐。

### 1. 事情总有两面性

每一个结束，也是一个开始。狂风之后，一棵老树轰然倒下。有人叹息着老树生命结束，不由自主地感叹起自己的命运来。但是，如果你换个角度，以长远的眼光看，你会发现一棵幼苗会在这棵老树倒下的地方重新生根发芽，新的生命才刚刚开始。今年的逝去是为了明年能够花红满树，桃李芬芳。这样一想，你是否会觉得快乐些呢？

## 2. 令你痛苦的是短浅的目光，而不是生活

无声的年华岁月将我们带走，看尽了繁华落尽后，我们才感叹：原来自己从来没有快乐过。对于那些失去的，得不到的，为什么不能以一种长远的眼光去看待呢？保持内心良好的状态，你会发现，令自己痛苦的是短浅的目光，而不是生活。

# 可以选择的是心情

女孩需要记住，人生就像一朵鲜花，有时开，有时败，其实，人生就是这样，无论我们处于什么样的境地，只要学会看情绪晴雨表，学会调节出好心情，你会发现，人生远没有想象中的糟糕，而我们所遭遇的那些根本不算什么。

有人这样抱怨："这天老是下雨，今天出门的计划又泡汤了。"而在街头的另一处，一位少女正撑着雨伞散步，光着小脚丫在雨水中快乐地奔跑。我们发现，"下雨"这个事实并没有改变，少女所改变的不过是自己的心情，像天气预报一样，情绪也有晴雨表，要想自己拥有一个好心情，我们要善于选择"晴朗的天气"，而不是"沮丧的雨天"。

从前，有一位禅师，他十分喜爱兰花，在平日讲经之余，禅师花费了许多时间来栽种兰花，弟子们都知道禅师把兰花当成了自己生命的一部分。

有一次，禅师要外出云游一段时间，在临行前，禅师特意交代弟子："要好好照顾寺庙里的兰花。"在禅师云游的这一段时间里，弟子们都很细心地照料着兰花，但是有一天，一位弟子在浇水时不小心将兰花花架碰倒了，于是，所有的兰花盆都摔碎了，兰花也洒了满地。弟子感到十分恐慌，并决定等禅师回来后，向禅师赔罪。

过了一段时间，禅师云游归来后听说了这件事，便立即召集了所有的弟子们，非但没有对那位弟子责怪，反而安慰道："我种兰花，一是希望用来供佛，二是为了美化寺庙环境，而不是为了生气种兰花的。"

面对兰花这件事情,禅师选择了坦然的心情,自己虽然喜欢兰花,但心中却没有烦恼这个障碍,所以,失去了兰花并不会影响自己的情绪,禅师依然有一份难得的好心情。而且,深知情绪晴雨表的禅师明白,自己即使生气又有什么用呢?反而会乱了自己的心情,坏了情绪,不如选择一份快乐的心情,以坦然的心境面对一切,这样,我们才能收获人生的幸福与快乐。

**枕边细语**

### 1. 选择快乐的心情

心情,与生活一样,是可以选择的,即使事情变得十分糟糕,我们也依然可以选择以快乐的心情面对。这样,我们既能看清楚事情的真实情况,而且,积极乐观的心态也可以帮助我们更好地解决问题。

### 2. 调节情绪晴雨表

每个人的心中都有一份情绪晴雨表,只是,我们习惯于看见阴郁的雨天，而忘记了晴朗的那片天空，于是，我们的情绪也变得阴郁起来，不由自主地以悲观、消极的心态来面对生活。如此一来，那些本来看起来特别小的事情，也会让我们火气大发，甚至，如果阴郁的心情蔓延开了，就会逐渐影响我们身边的人。

### 3. 打开另一扇窗户

人生，注定是一条充满曲折、困难的路，或许，烦恼无处不在，但是，面对烦恼，如果我们能够尝试着打开心灵的另一扇窗户，以一种积极、乐观的心态去面对，你会发现，所谓的烦恼根本不存在。人生依然无限美好，问题的出现并没有改变我们的好心情。

# 改变思维模式，成为更好的自己

曾经有两个囚犯，从狱中望向窗外，一个看到的是满目泥土，一个看到的是万点星光。前者悲伤而死，后者欢笑一生。不同的处世态度，不同的思考方法，导致的结果往往大相径庭。态度是长期培养的，而想法则可以在灵光一现间给你带来巨大的突破。

英国曾举办了一次有奖征答活动，题目是这样的：在一只热气球上，载着三位关系着人类生存和命运的科学家。一位是环保专家，如果没有他，地球在不久之后会变成一个到处散发着恶臭的太空垃圾场；一位是生物专家，他能使不毛之地变成良田，解决几亿人的生存问题，还能够运用基因技术使人的寿命延长到200岁；一位是国际事务调解专家，没有他的存在，各个军事大国的矛盾可能就会一触即发，地球将笼罩在核战争的阴影中。但是，不幸的是，三位专家所乘坐的热气球发生了故障，正在急速下坠，除非把其中一个人扔出去，才有可能脱离危险，问题是，把谁扔下去呢？

到底该把谁扔下去呢？下面的孩子们想了起来：环保专家很重要，没有他人类将会灭亡；可是，生物专家解决的可是生存问题，没有了粮食人类就会饿死；而国际调解专家也很重要，如果发生了核战争，人类也将会灭亡。这时，一个小男孩说出了正确的答案："把最胖的一个扔下去。"

有时候，我们凭着传统的思维来解决问题，常常会感到无所适从，谁知，机会往往会在你犹豫不决时悄然离去。如果我们都能像那个小男孩一样，跳出常规思维，多角度去思考，用一种全然不同的思路和方法去解决问题，可能就会有豁然开朗的感觉。

### 1. 思维模式决定你的命运

有什么样的想法，就会有什么样的命运。对于现今的生活，很多人都在不停地抱怨。工作的时候，抱怨没得到满意的待遇；失业的时候，抱怨老板不讲情理；应聘的时候，抱怨好运不垂青自己。总之，人生灰暗，似乎怎么努力都不过是死水一潭。

### 2. 善于改变自己的思维

思想有多远，你就能走多远，不同的思维决定不同的出路。一个人在做事之前，一定要善于变换角度看问题，学会变通是走向成熟的重要一步。激动人心的成功总是和出类拔萃的创意联系在一起的，善于改变自己的思维，就会取得非同一般的成效。

### 3. 思维别被束缚，多种角度看问题

老师在黑板上画了一个圆点。老师问学生："你们看见了什么？"全班同学一起回答："一个圆点。"老师说："你们只说对了一部分，画中最大的部分是空白，只见小，不见大，就会束缚我们的思考力，许多人不能突破自己，原因就是在这里。"很多时候，传统的思维定式会束缚我们的想象力，而多种角度看问题，我们可能会有新的发现。

# 第06章

担当责任——尽己之责,成就非凡

## 勇敢面对，别再逃避

在生活中，有许多习惯寻找各种理由为自己没有完成的事情而推卸责任的人，他们将本该自己承担的责任转嫁给他人。试想，一个逃避困难、不敢承担责任的人，势必缺乏做事的能力和魄力，没有人会相信他能做好事情。

爱默生说："责任具有至高无上的价值，它是一种伟大的品格，在所有价值中处于最高的位置。"如果你想要变得更出色，就不要害怕承担责任，因为责任是你走向成功的起点，责任是超越自我的必要条件，责任往往能成就一个人。无论做什么事情，只要认真地、勇敢地担起责任，你就能得到别人的尊重。

阿基勃特是美国标准石油公司的一名小职员，他平日对人很友好，工作十分努力，但是，他给人印象最深刻的还是那个绰号——"每桶4美元先生"。

原来，阿基勃特每次出差住旅店的时候，他总是会在自己签名的下方，认真地写上这样一行字"标准石油每桶4美元"。在平日来往的书信和各种收据上，只要是需要他签名，他也一定会附上那句话。时间长了，同事不再叫他阿基勃特先生，而是称他为"每桶4美元先生"了。

有一天，这件事情被公司上层知道了，就连公司当时的董事长洛克菲勒也听说了这件事。洛克菲勒很惊奇地说："本公司竟然有这样的职员，他无时无刻不在宣传公司的产品，我一定要见见他。"于是，他热情地邀请了"每桶4美元先生"共进晚餐。

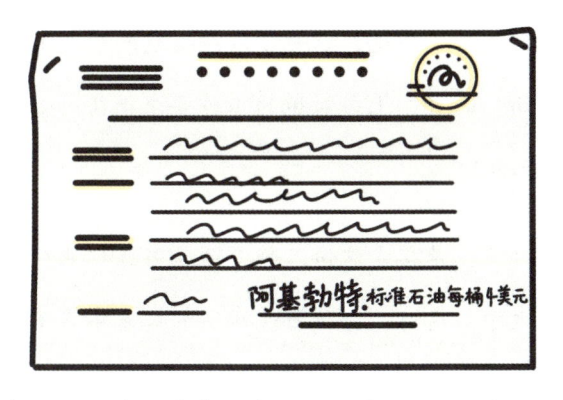

后来，洛克菲勒董事长卸任，"每桶4美元先生"，也就

是阿基勃特先生成为标准石油公司的董事长。

其实，签名的事是标准石油公司任何一名员工都能做的事情，但是，只有阿基勃特做到了。或许，在当初嘲笑他的人中，肯定有不少有才有志的人，但是，因为缺乏"每桶4美元先生"的那么一点责任感，到最后，只有阿基勃特成为董事长的接班人。

责任使人进步，逃避使人退步。一个优秀、有魄力的人，应该怀有很强的责任感。对自己负责，对自己所做的一切负责任，无论那些事情是对还是错。但是，在现实生活中，敢于承担责任的人少之又少。

有一个小姑娘到东京帝国酒店做服务员，这是她进入社会的第一份工作。但是，让她万万没有想到的是上司会安排她去洗厕所。而且，上司对她的工作要求很高：必须把马桶洗得光洁如新！

怎么办呢？是接受这份工作，还是另谋职业？小姑娘陷入了矛盾之中。这时，一位曾洗厕所的先辈不声不响地为她做了示范，当他把马桶洗得光洁如新后，他竟然从中舀了一勺水喝了下去。看到对方的工作态度，小姑娘明白了什么是工作，什么是责任。

于是，她漂亮地迈出了职业生涯的第一步，同时，也踏上了成功之路。后来，她所清洗的厕所，从来都是光洁如新，而且，她也不止一次喝过马桶里的水。数年后，她担任了日本政府的邮政大臣，她就是野田圣子。

在做事的过程中，放弃责任就等于放弃了成功的机会，因为强烈的责任感能激发一个人的潜能。我们经常可以看见这样一些人，他们缺乏最基本的责任感，当有人强迫他们工作的时候，他们才勉强应付工作，这样，他们又怎么会发挥出自己的潜能，怎么会有自己的魄力呢？

在生活中，每个人都扮演着不同的角色，而每种角色又承担着不同的责任,我们最大的成功就是完成自己的责任。因为内心的责任感会让我们在困难时咬牙坚持下去,在成功时保持清醒的头脑,在绝望时坚决不放弃。承担责任,在某些时候,并不单单为了自己,也是为了别人。

**枕边细语**

### 1. 别逃避责任

在生活中,害怕承担责任的人屡见不鲜,但是逃避责任却是一件不光彩的事情。那些不敢承担责任的人,他们往往打着这样的借口:"这不是我的错""我不是故意的""本来不会这样的,都怪……""这不是我做的事情"等。在他们成功地推卸责任的同时,也失去了做事应有的魄力。只有敢于承担责任的女孩,才会总是充满着魄力,浑身洋溢着无尽的神采。

### 2. 别推卸责任

在一个严重错误发生之后,大多数人会为自己找借口,或者把责任推到相关的人身上,因为害怕承担自己抉择的后果,他们选择了逃避责任、推卸责任。但是,在任何年代,那些敢于承担责任的人都是勇敢的、无私的,责任成为他们不断前进的动力。

## 坚定内心,保持高度责任感

不管女孩处于什么样的环境,唯一不能放弃的就是责任,不管别人对自己是褒还是贬,都需要一如既往地走下去,从接受任务那天起,就要认定自己的责任,并且愿意承担自己的责任,永远不放弃。谁放弃了自己的职责和责任,谁就放弃了人生的基石。

1903年,年仅23岁的麦克阿瑟以优异的成绩毕业于西点军校,随后被分配到工兵部服役。刚开始,他被安排到萨克拉门和圣华金谷参加一座矿井的管理工作。不过,麦克阿瑟觉得这项工作很没趣,没有任何挑战性,于是情绪变得很低落。

第二年,麦克阿瑟进入华盛顿的一所高级工程师学校进行深造。在学习期间,他幸运地成为西奥多·罗斯福总统的兼职低级军事助手。与学校里枯燥的学习相比,白宫里的社交活动更令他感兴趣，以至于他荒废了学业。这使得学校的校长大为不满，他曾抱怨："我不得不遗憾地如实说，麦克阿瑟中尉缺乏职业热情，他表现平平，比西点军校的履历表上所记载的要低能得多。"

后来，毕业后的麦克阿瑟被分配到密尔沃基，主要是做一些工程计划和监督工程实施情况的工作。对争强好胜的麦克阿瑟而言，这一点点权力并不能使自己满意。他经常会离开自己的工作岗位去寻找一些更有兴趣的事情，对此，他的长官表示："我认为麦克阿瑟中尉在执行任务时没有表现出推荐书中所列出的优点，他除了相貌英俊、仪表堂堂，所履行的职责无法令人满意。"

这样的评论被麦克阿瑟知道了，他很是不满，当即反驳，并且还越级上报给更高的长官，心想可以为自己讨回公道，出乎意料的是，麦克阿瑟被当场批评，长官指责他不应该越级汇报，说他这种违反规定的行为本身就证明别人对你的报告是正确的。

我们可以猜测出后来的结果，经过了这样一番考验之后，麦克阿瑟才真正地成长了起来。最终，他没有因外界的非议和指责堕落下去，而是更勇敢地承担起了肩上的责任，最终走向了成功。

因此，在任何时候，我们都需要坚定信念，保持高度的责任感，这会让我们抵御外界的诱惑，成功地履行自己的职责。如果我们在履行自己的责任时，可以不计较个人的荣辱得失，心灵不再被迷雾所遮盖，不被任何诱惑所吞噬，那我们就成为一个有责任感的人。

## 1. 不做逃兵

一旦我们接受了某种责任，比如成为某公司的一名员工，那我们就应该为自己的所作所为负责到底，永远不要成为使命的逃兵，也不要总是抱怨这抱怨那。因为这一切都是我们的责任，如果你总是觉得别人对你的评价是不中肯的，那只能证明你没有履行好自己的职责和责任。

## 2. 不被外界所迷惑

不管我们处于什么环境，都不要被外界的诱惑所迷惑，一定要坚持自己的使命和职责，这样我们才会成为一个有责任感的人，才能真正地成熟起来。诚然，在履行职责的过程中，我们可能会遇到一些诱惑，心灵也可能会短暂地被迷雾所遮盖，这时如果不坚定自己的信念，那就有可能会做出一些有违于自己责任感的事情，甚至会破坏自己已经履行的职责。

# 别把"借口"当挡箭牌

不找任何借口所体现的是一种负责、敬业的工作精神，一种诚实、主动的态度，一种完美、积极的执行力。在很多时候，借口是毫无意义的。"没有任何借口"，让自己养成了不畏惧的决心、坚强的毅力以及完美的执行力。不管自己遭遇了什么样的环境，都必须学会对自己的一切行为负责。

我们应该想尽办法去完成任务，而不是为没有完成的任务去寻找这样或那样的借口，即便是看似很合理的借口，那也是不被允许的，而应该有一种不达目的不罢休的毅力。在生活中，我们要知道，做任何一件事情，只要我们努力去做，就不可能不成功，千万不要把借口当作自己的挡箭牌，你不可能一辈子依靠"借口"而活。

张三和李四是两个裁缝师傅，有一次，他们在一起工作时,张三将手中的针交给李四。不过,就在快要交接的时候,张三手中的针掉到了地上,当时屋里光线很暗,实在不容易找到那根针。

在这个时候,他们应该怎么办呢?我们可以设想一下,起码会出现以下三种情况。

第一种是,张三和李四开始吵架,李四指责张三没拿稳针,张三则怪李四动作慢了才会导致针掉在地上,他们一直在争论着这是谁的责任,压根忘了地上的针。

第二种是,张三和李四纷纷表示应该先找到针才是正事,所以接下来的几小时,他们都会在地上找针。

第三种是张三和李四为了尽快找到针，分头行动，一个从这边开始找，另一个从那边开始寻找。

那么，我们可以猜想一下，上面三种情况哪种最有可能找到针呢？

几乎所有的人都知道第三种情况能最快地找到针。如果总是埋怨对方，总是为自己找借口，事情永远也办不好。故事很简单，但是蕴涵的哲理却很深刻，如果两个人各自为自己开脱，"这与我没关系""这不是我的责任"，那么只会让麻烦越变越大，根本就不能解决遇到的问题。找各种借口为自己开脱，只会欲盖弥彰。这样一来，就会给别人留下不能按时完成任务、能力差的印象。长此以往，这种人的地位会越来越低，其他人也不愿意和这种老是找借口的人合作，他们害怕有一天，这种人也会将所有的错误都推到他们身上，将自己身上的责任推得一干二净。

也有一些人在遇到问题的时候，不会想着找借口，而是会尽快想到解决问题的办法，将问题解决。这样的人责任心很强，他们对自己做不到的事也不会找各种各样的借口，他们会真诚地说出自己为什么没能及时将问题解决，并且用各种办法在最短的时间内将问题解决。这样的人是不会轻易许诺的，如果真的许下什么诺言，他们一定会想尽各种办法实现诺言。

### 1. 没有借口

即使有什么问题没有解决，也别费尽心思地去找各种借口为自己辩白，而应该将所有的情绪都放下，先解决问题，因为解决问题才是最关键的。

### 2. 别找借口

在现实生活中，当人们做不好一件事情，或者完不成一项任务时，就会有很多借口在那里，在借口的遮挡下，他们很容易就学会了抱怨、推诿、迁怒甚至愤世嫉俗。其实，最终他们都没发现，借口就是一个敷衍别人、原谅自己的"挡箭牌"。寻找借口，只是为了掩盖自己的弱点，推卸自己的责任。

# 女孩，请对自己的言语负责

列夫·托尔斯泰说："一个人若是没有热情，他将一事无成，而热情的基点正是责任心。"对自己的言语负责，是一笔最好的投资。

具有守诺品质的女孩，注定是人生的大赢家。女孩应该记住，只有当自己的行为正直而高尚的时候，自己所坚持的道德观念才能深入到心灵中去，并支配自己的思想和感情。

很早以前，有一位漂亮的姑娘，与家人一起出去游玩，走了一段路，她感到口渴，于是就一个人去找水喝。她看见了一口井，就想舀些水喝，但是仅凭她的力气要想吊上一桶水根本不可能。于是他顺着绳子下到井里去喝水。没想到她喝完水以后，发现井壁太滑，她根本就上不来。想到此刻父母找不到她肯定很担心，她又着急又害怕，后来竟然急得哭了起来。

说来也巧，一位小伙子在此路过，他听见姑娘的哭声，就赶紧过去看个究竟，姑娘因此得救了。小伙子被姑娘的美貌迷住了，同时姑娘也被小伙子乐于助人的精神所感动，两个人互相表达了爱慕之情。不久，小伙子要出远门，两人依依惜别。临别前，两个人定下海誓山盟，他们约定等小伙子一回来，两个人就立即结婚。订婚是要有证婚人的，但是当时在场的只有他们两个人，正好在这个时候过来一只黄鼠狼，而且旁边还有一口井，于是黄鼠狼和井就成了他们的证婚人。

小伙子离开家乡后，一开始还将姑娘放在心上，但是时间一久，他就忘记了他们之间的约定。可是姑娘没有忘记，还在家里傻傻地等着小伙子归来。但此时小伙子已经和另外一个女子成了婚，并且先后生了两个儿子，但是两个儿子先后遭遇不幸。第一个儿子在草地上玩的时候，被一只黄鼠狼咬死了；第二个孩子到井边玩的时候，一不小心掉进井里淹死了。小伙子这时候醒悟了，他想起了自己和姑娘的约定，于是和妻子说明白了一切，与妻子解除了婚姻关系，匆匆赶回家乡，去见自己的恋人。在姑娘的家里，姑娘还在一直等待着心上人的出现。小伙子向姑娘表达了深深的歉意，两个人在姑娘的家里举行了婚礼。

### 1. 女孩要言而有信

尽管父母尊重女孩，不过女孩自己不能以年龄小、不懂事为由认为自己说过的话不会产生什么影响，不管最后是否兑现了诺言。毕竟对于女孩而言，守信用才是最重要的。当然，这时应该要求父母说话算数，这样女孩自己才会有一个好的参照物。

### 2. 减少自己的要求

在生活中，女孩对父母应该会有这样或那样的要求，不过，这样的要求应该随着年龄的增长而慢慢减少。毕竟，当女孩年龄小的时候，控制能力比较差，要求和愿望可以多一些。不过，随着女孩年龄的增长，需要较好地控制自己，减少自己对父母的要求。

### 3. 不要轻易许下诺言

女孩不应该在父母、同学或老师面前夸下海口，胡乱许诺，且随口说说又不能兑现，这会让自己成为一个不守诺言的人。假如别人提出一些过分的要求，女孩应该有自己的原则和底线，需要把握一个"度"，在此基础上再考虑是否可以答应对方，然后才能慢慢懂得生活中"可以""应该"等一些概念。

### 4. 说过的话不能兑现时应积极应对

有时候女孩子冲动时夸下海口，结果却无法兑现诺言，这时别人就会感到失望、委屈。这时女孩不能强迫对方接受许诺无法兑现的结果，而是应该主动且诚恳地向对方道歉，然后将无法兑现的原因告诉对方，以征得对方的理解和原谅，并在以后找合适的机会兑现自己没有实现的诺言。

# 有些责任是必须承担的

卢梭曾说:"节制和劳动是人类两个真正的医生。"即使每个年轻人都是块好铁,但还是要锻炼才能成钢,就是在你为生存而付出的劳动里,锻炼了一切与理想相关的东西,比如自信、尊严、才识和能力。

沉重是生活的一部分,我们享受生活的欢乐,也要接纳生活的沉重,因为生命中有一些责任是你必须要承担的,你必须负重前行,脚步才不会太飘忽。

这一年,玛丽从大学毕业,她决定在纽约扎根并做出一番事业来。她的专业是建筑设计,本来毕业时是和一家著名的建筑设计院签了工作意向的,那家设计院在外地,而且如果去了,她将一直沿着建筑设计的路子走下去,一想到自己会几十年在一个不变的环境里工作,或许永远没有出头之日,玛丽就彻底断了去那里工作的念头。

玛丽在纽约找了几家建筑公司,大公司不要没有经验的刚出校门的学生,小公司玛丽又看不上,无奈只好转行,到一家贸易公司做市场营销。一段时间后,由于业绩得不到提高,身心疲惫的玛丽对工作产生了厌倦情绪。心高气傲的她觉得如果自己单干肯定会更好,于是她联系了几个朋友一起做建材生意。本以为自己是"专业人士",做建材生意有优势,可是建筑设计与建材销售毕竟是两码事。不到一年,生意亏本了,朋友们也因利益关系闹得不欢而散。

无奈之下的玛丽只好再换工作以挣钱还债。由于对工作环境不满意,几年下来,她又先后换了几次工作,后来对前途彻底失去了信心。玛丽虽然工作经验丰富,跨了好几个行业，可是没有一段经历能称得上成功……残酷的现实使玛丽陷入了很尴尬的境地，这是她当初无论如何也没想到的。

"这山望着那山高"的想法切不可有，如果你忽略了理想必须扎根在现实的土壤里的话，结果只能被理想和现实同时抛弃。要学会沉下心来，因为你在人生的过程中会看到许多山峰，但你不可能翻越每一座山峰，得到所有美好的东西。命运对任何人都是公平的，当你为没有得到而苦恼时，还是仔细想一下自己将会失去什么吧！

### 1. 合理安排自己的时间

首先女孩应清楚一周内所要做的事情，然后制定一张作息时间表。在表上填上那些非花不可的时间，如吃饭、睡觉、上课、娱乐等。安排好这些时间之后，选择合适的、固定的时间用于学习，必须留出足够的时间来完成正常的阅读和课后作业。当然，学习不应该占据作息时间表上全部的空闲时间，要给休息、业余爱好、娱乐留出一些时间，这一点对学习很重要。

### 2. 学习之前养成预习的好习惯

女孩在认真投入学习之前，先把要学习的内容快速浏览一遍，了解学习的大致内容及结构，以便能及时理解和消化学习内容。当然，你要注意轻重详略，在不太重要的地方可以一带而过。

### 3. 注重课堂学习

学习成绩好的女孩子很大程度上得益于在课堂上充分利用时间，这也意味着在课后可以少花些工夫。所以，女孩子在课堂上要及时配合老师，做好笔记来帮助自己记住老师讲授的内容，尤其重要的是要积极地独立思考，跟上老师的思维。

### 4. 保持合理的学习规律

女孩子应保持合理的学习规律，比如在课堂上做的笔记要在课后及时复习，不仅要复习老师在课堂上讲授的重要内容,还要复习那些你依然感觉模糊的知识。如果你坚持定期复习笔记和课本,并做一些相关的习题,你定能更深刻地理解这些内容,你的记忆也会保持得更久。

## 责任感，让你脱颖而出

林肯说："每一个人都应该有这样的信心：别人所能负的责任，我必能负；别人所不能负的责任，我亦能负。如此，你才能磨炼自己，求得更多的知识而进入更高的境界。"

没有责任感的女孩子，她一定不会成为一个成熟的女性。因为责任感是一种来自心理上的成熟，有责任感、敢于担当，这样的女孩子才会受人赞扬。另外，责任感也是每一个成功者必备的素质，当女孩怀着高度责任感去生活、学习时，她就会表现得更加优秀、更加卓越。

李丽和张灵是同事，刚进入公司的时候，她们的职位都是采购员，薪水也是一样的。但是，没过多长时间，张灵就升职加薪了，而李丽依然在原地踏步。李丽认为这是老板不公平，她心里总是抱怨。

有一天,李丽实在忍不住了,她向老板发起了牢骚。听完李丽的抱怨之后,他对李丽说:"小李,你去集市上看看早上有什么卖的东西?"李丽听见老板吩咐自己做事,马上就去了,不一会儿就回来向老板汇报说今天集市上只有一个农民拉着一车白菜在卖。

老板问:"一共有多少白菜呢?"李丽又跑到集市上回来告诉老板有30斤白菜。老板继续问:"价格多少?"李丽第三次赶到集市上问来了价格,这时老板说道:"好了,你看看张灵是怎么处理这件事的。"

张灵很快从集市上回来向老板报告说:"到现在为止只

有一个农民在卖白菜，一共30斤，价格是5毛，白菜质量不错，我带回来一颗给您看看，这个农民在一小时之后还会运来几袋土豆，我觉得他的价格非常公道。昨天我们店里的土豆卖得非常快，库存不多了。我想这么便宜的土豆您肯定会要一些，所以我把那个农民也带来了，现在他正在外面等着回话呢。"这时，老板对站在一旁的李丽说："现在你应该清楚为什么我会给张灵升职加薪了吧。"

张灵热情工作的基点正是责任心，实际上，责任心是健全人格的基础，是未来能力发展的催化剂，更是女孩们成长所必需的一种营养，它能够帮助女孩成长和独立。懂得自己的责任，学会负责，女孩才会有前进的动力。只有认识到自己的责任，女孩才知道自己应该做什么以及怎么去做。

### 1. 学会对自己负责

一个女孩只有懂得尊重自己的感情，尊重自己的理想，珍惜自己的年华和生命的活力，才能从自己的理想出发来安排现实生活。比如，女孩的大部分责任是学习，假如学习不够认真，那就是对自己不负责任。此外，对自己负责还包括对自己的事情负责，凡是能够自己做的事情都自己去做，包括穿衣、洗脸等，只有女孩从小养成对自己和自己的事情负责的良好习惯，才有可能慢慢学会对父母、朋友、老师等有关的人和事负责。

## 2. 学会善待他人

关心他人，善待他人，这是培养女孩子对家庭和社会的责任心的基础。在日常生活中，女孩应主动关心老人、病人和比自己小的孩子；当爷爷奶奶生病的时候，学会照顾他们；知道朋友的生日，并在生日那天给朋友送上一份生日礼物。

## 3. 学会反省

女孩子需要适时反省。当女孩在分析问题的时候，只会考虑到别人的过错，总是为自己找借口，这有可能会导致她们缺乏责任心。遇到了不能解决的困难，就把责任推到父母头上去；学习成绩不好，就把责任推到老师头上去。这些都是不良的行为习惯，女孩应该清楚，面对任何事情，首先应该反省的是自己，分析自己的过失，明白自己在这件事中应该负什么样的责任。

# 第07章

纯真温厚——心善则美,心纯则真

# 把快乐传递出去

培根说:"如果你把快乐告诉一个朋友,你将得到两份快乐。"将快乐与他人分享,这本身就是一件很快乐的事情。

在第二次世界大战期间,多克是野战医院的一名志愿者,协助医院做救死扶伤的工作。战争给士兵带来了痛苦与烦闷,为了帮助伤员驱走心中的阴云,给予伤员战胜痛苦的力量,多克在医院的墙上写下了一句话:"没有人会在这里死去。"大家都看到了这样一句话,同时,都记住了这句话,伤员们为了不让这句话落空而坚强地活着,众多医护人员对伤员也给予了精心的照顾,大家对战胜死神充满了信心。多克的那句话给大家带来了好心情,带来了战胜痛苦的力量,最后,伤员们都康复出院,重返战场。

"二战"结束后,多克成为一名邮差,他坚信自己除了给人们带去邮件,还能够给人们传递快乐。因此,在送邮件的路上,他总是带着许多纸条,上面写着"别烦恼,今天是个不错的日子""笑口常开"等鼓励的话语。

多克将自己的快乐分享给他人,成为那个传递快乐的人。在生活中,人们都希望自己的生活充满快乐,但快乐却不会常常"宠幸"我们。我们不仅要善于去发现快乐,更要把快乐传递给他人。

有时候,一个微笑,一声问候,都能给对方带去快乐,帮助盲人过马路,帮助路人提提行李等,这些都能够将自己的快乐分享给他人。传递出自己的快乐,这是一种难能可贵的爱心。

## 枕边细语

### 1. 学会分享要有前提

与他人分享自己的快乐需要有两个前提，一是自己是快乐的，二是自己乐于分享。因此，我们首先要学会分享，分享的道理其实很简单，假如你有2个苹果，只留下了1个，把另外1个给别人吃，当你给别人苹果的时候，你并不知道别人能给你什么。但是你一定要给，因为当他吃了你的苹果之后，他有可能会给你橘子或橙子，你得到的水果种类将会不断增加。只要你确立了这样一种"交换能力"，你在这个世界上将会不断地得到别人的帮助。因此，当我们有了好吃的、好玩的东西时，不要忽略了身边的人，学会分享，我们会从中获得快乐。

### 2. 不要以自我为中心

当我们心中只有自己的时候，我们已经忘记了分享。

但是，当快乐来临的时候，假如只有自己一个人体会到了，那只会让你觉得孤单。同样的道理，如果身边的朋友有了快乐，他也会对你关闭"分享之门"，我们到最后就只剩下了孤单。所以，无论是聚会还是学习，我们都不要以自我为中心，有了快乐要乐于与大家分享，因为与他人分享快乐本身就是一件快乐的事情。

### 3. 我们要学会分享快乐

子曰："独乐乐，与人乐乐，孰乐？"曰："不若与人。"分享快乐，实际上就是将快乐复制，复制得越多，我们所体会到的快乐就会越多。从小，我们就是集万千宠爱于一身，但如果我们就这样独享快乐，无疑会形成自私自利的性格。因此，从小就要学会与他人分享自己的快乐，这是我们人生的必修课。

## 与人为善，就是与己为善

被人关心是一种美好的享受，而关心他人也是一种高尚美好的品德。人的本质就是爱的相互存在，我们的生活是由与他人的相互交往而构成的。学会关心他人，就要求我们善于理解他人，随时准备去支持他人，并从行动上去关心他人。得到他人的关心是一种幸福，关心他人更是一种幸福，正如歌谣中所唱"只要人人都献出一点爱，世界将变成美好的人间"。

12岁的李斯特在维也纳成功举办了一次演奏会，演出结束之后，音乐大师贝多芬走上台去，把李斯特搂在怀里，在他的额头上吻了一下。顿时，李斯特像得到了什么宝贝似的，激动得快要昏过去了，他始终难以忘怀这一刻。后来，李斯特成了著名的音乐家，在其漫长的教学生涯中，对于那些学生,他总是以贝多芬的方式——亲吻额头来作为奖励,并对他的学生说:"好好照料这一吻,它来自贝多芬。"他曾这样说:"我们应该继承贝多芬传递给我们的东西,把它继续发展下去。"直到今天,我们依然在传递"贝多芬之吻",这是因为有太多的人需要被关心。

### 1. 学会关心父母

在一个温馨的家庭里,成员之间是需要互相关心的,特别是要关心为我们操心的父母。在父母面前,我们不需要掩饰自己的关爱之情:餐桌上,在夹菜的同时不忘给父母也夹一筷;出门前不忘给妈妈送上一个亲吻;和妈妈外出购物的时候，也不忘记提醒妈妈给爸爸捎带礼物等。总而言之，在日常生活中，我们要处处给予父母以关心，温暖他人的同时也会温暖我们自己。

### 2. 学会与父母分享

在家庭生活中，父母常常宁愿亏待了自己也不愿意怠慢了我们，通常把好吃的、好玩的、好用的都放到我们面前。这时候，我们应该学会主动与父母分享，即使父母推辞，我们也要坚持下去，将自己的关心送给父母。时间长了，关心他人的信念就会扎根在心底，无论面对谁，我们都会乐于将自己的好东西拿出来一起分享。

### 3. 主动向父母了解生活的真实情况

父母担心我们受苦受难，担心我们遭受挫折，尽管他们面临着生活的许多曲折和坎坷，尽管他们有许多不快乐和不稳定的情绪，但他们总是竭力在我们面前保持稳定。因此，我们应该主动向父母了解一些生活的真实情况，与父母建立朋友关系，学会分享他们的一些喜怒哀乐。

## 4. 学会做一些力所能及的事情

大多数女孩都有"衣来伸手，饭来张口"的坏习惯。其实，我们只有学会做一些力所能及的事情，才知道关心他人。一般情况下，乐于助人的好品质是培养出来的。所以，我们不仅要树立这样的观念，还需要付诸实际行动，逐渐去做一些自己能做的事情。比如，当劳累一天的父母回到家时，我们可以为他们盛饭、放置碗筷，饭后将所有的碗筷收到厨房，将剩菜放进冰箱里等。

## 深谙礼仪，淑女养成记

礼貌是指人与人之间和谐相处的意念和行为，是尊重他人与友好待人的体现。文明礼貌是一种品质，我们只有具备了这种优秀的品德，才能创建出一个文明的社会。中国历来就有"礼仪之邦"之称，礼貌待人更是中华民族的传统美德。礼貌是拉近自己和他人关系的一座桥梁，懂礼貌的女孩更容易让别人接受，从而成为一个人见人爱的淑女。懂礼貌是现代人的一个重要标志，它是一个人的基本素养，无论是在家庭、学校、社会还是团体，我们需要展现给他人的首先应该是文明礼貌方面的素养，这将直接体现我们的整体修养。

杨时从小就聪明伶俐，4岁入学，7岁能作诗，8岁能作赋，被人们称为"神童"。他在15岁时攻读经史，后来中了进士。虽然，自己已经有了渊博的学识，但他依然喜欢到处寻师访友，还曾经拜在洛阳著名学者程颢的门下，程颢临死前将杨时推荐到了其弟程颐门下,被程颐视为得意门生。

一天,杨时与学友游酢因对某个问题的意见有了分歧,为了求得一个正确的答案,他们一起去老师家请教。正值隆冬季节,天寒地冻,浓云密布,寒风阵阵,雪花点点,他们把衣服裹得紧紧的,匆匆赶路。不料到了老师家门口,正赶上老师在屋里打盹儿。杨时劝告游酢不要惊醒老师,于是,两人就静静地站在门口,等待老师醒来。雪越下越大,如鹅毛一般,杨时和游酢两人还站在外面的雪地里,游酢冻得受不了了,几次想叫醒老师,但都被杨时阻拦了。直到程颐一觉醒来,发现了门外站了两个"雪人",问清了原委,程颐深受感

动，从此，更加尽心地把自己的学问传授给杨时。到后来，人们习惯用"程门立雪"来赞扬那些尊师求学的学子。

文明礼貌的行为习惯是由从小开始的长期实践而养成的，礼貌是修养的主要标志。礼貌能直接反映我们的知识和教养水平，它是道德的外衣，是德商的重要组成部分。因此，我们从小应该讲文明懂礼貌，知道哪些是我们应该做的，哪些是我们不应该做的，以此来规范我们的行为。

在生活中，最重要的是文明礼貌，它比高智慧、高学识都要重要。文明礼貌地处世待人，是我们每个女孩成长过程中必修的一课，所以，我们需要努力养成文明礼貌的好习惯。

## 1. 养成礼貌待人的品德

在我们身边，父母有可能会成为我们的表率，其言行对我们的影响也是最直接、最深刻的。当父母在孝顺长辈、关心我们的时候，我们也要以此为榜样，通过亲身体验和实践来理解文明、礼貌、热情的含义，并通过父母文明礼貌的行为来鞭策自己，逐步形成礼貌待人的品德。

## 2. 懂得待客之道

我们需要懂得待客之道，懂得一定的行为规范。比如，当亲友来访的时候，听到敲门声需要说"请进"；见了客人应主动打招呼、问好；可以拿出茶点，热情地请客人吃，不要表现出不高兴的样子或者独自跑出去玩儿；父母聊天的时候，不应该随便插话；朋友来了，应该主动热情相迎；在共同进餐的人没有完全入席之前不得动餐具自己先吃；客人离开时要说"再见"，并欢迎客人下次再来。另外，我们还可以直接参与到接待中去，做一些力所能及的待客活动，通过直接参与，使自己待客的动作和技巧得到练习并逐渐养成好的待客习惯。

## 3. 学会尊重他人

文明礼貌看起来似乎是一种外在的行为表现，其实，它与我们的内心修养，特别是我们是否具有自尊与尊重他人的意识有着十分密切的关系。我们既要懂得尊重自己，同时，还需要尊重他人，遵守社会秩序，注意自己的言行举止。实际上，文明礼貌就是我们满足自尊心的一种重要手段。

### 4. 文明礼貌常识

首先，我们应该掌握必要的文明礼貌用语，诸如"您好""见到您非常高兴""欢迎光临""晚安""再见""对不起""没关系""谢谢"等。另外，我们还需要掌握一些礼貌行为的常识，比如，遵守公共秩序和社会公德，还有一些交往方面的礼仪等。

# 爱心，从身边小事做起

爱心的力量是最伟大的，爱心的力量也是最神奇的，爱心是人间最美好的情感，谁拥有并付出了它，谁就会拥有一个最美的世界。展现爱心需要从我们身边的小事做起的，时刻关心我们身边的人。正所谓"赠人玫瑰，手有余香"，一个有爱心的孩子必然会在与他人的交往中收获到他人的爱，一个总是生活在爱的环境中的人肯定是一个幸福的人。

有位盲人住在一栋楼里，每天晚上他都会到楼下的花园里散步。但奇怪的是，无论是上楼还是下楼，他虽然只能顺着墙壁摸索，但却一定要按亮楼道里的灯。一位邻居忍不住好奇地问

道:"你的眼睛看不见,为何还要开灯呢?"盲人回答道:"开灯能给别人上下楼带来方便,也会给我带来方便。"邻居比较疑惑:"开灯能给你带来什么方便呢?"盲人回答:"开灯后,上下楼的人都会看见东西,就不会把我撞倒了,这不就给我带来方便了吗?"

在日常生活中,哪怕是一件很平凡微小的事情,就如同赠人一枝玫瑰般微不足道,但它所带来的温馨却是持久而温暖的。对于我们来说,更应该从身边的小事做起,倾洒一点点爱心。

*枕边细语*

## 1. 换位思考

正所谓"己所不欲,勿施于人",我们在人际交往中,应该尽可能地体会他人的情绪和想法,理解他人的立场和感受,并站在他人的角度思考和处理问题。我们要学会用同理心去思考问题,逐渐去理解我们身边的人,并给予他们爱心。比如,面对喜欢唠叨的妈妈,以同理心思考就会理解妈妈的一片苦心；面对严厉的老师，以同理心思考就会体会到老师殷切的期望。

## 2. 树立正确的人生观、价值观

我们具有什么样的价值标准，与我们是否会将爱心付诸实际行动是紧密相连的。比如，俗话都说"老实人容易吃亏""人善被人欺"，但并不是说老实人曾经吃过亏之后就不再做老实人，也不是说我们在被欺负之后就不再做善良的人。因此，在父母以及老师的帮助下，我们要逐渐树立正确的价值观、人生观，让"真善美"充满我们的心灵，并成为我们为人处世的基本准则。

## 3. 要富有爱心

爱心是人类最光辉灿烂的人性，也是最崇高最伟大的品德。相反，"自私自利""以自我为中心"则是爱心的大敌。自私与爱心一样，并不是我们与生俱来的，而是通过后天培养的。因此，我们平时要注意自己的言行举止，做到孝敬老人，关心比自己小的孩子，乐于助人，从而让自己成为一个富有爱心的人。

## 4. 我们要懂得感恩

父母的疼爱，长辈的宠爱，让我们生活在充满爱的环境里。但是，我们却常常忽略了自己奉献爱心的机会，其实，爱是相互的，如果我们只是接受父母的爱，却并不懂得感恩，我们就会丧失爱的能力，只知道索取，不懂得给予。因此，在享受被爱的同时，我们也要懂得感恩，多帮助父母做些家务，孝顺父母，从身边的小事做起，在乐于助人中奉献出自己的爱心。

## 原谅别人偶尔的错误

谅解是人类的美德，是一种高尚的品德。它就如同一股和煦的春风，能够消融凝结在对方心中的坚冰。谅解在人际交往中有着重要的作用，有人这样说："同志之间的谅解、支持与友谊比什么都重要。"

圣人孔子曾说："己所不欲，勿施于人。"女孩无论做什么事情，都需要推己及人，将心比心，站在对方的角度去体会对方的感受，推想对方的处境，学会谅解朋友偶尔犯的小错误，与之建立持久的友谊。

在日常生活中，女孩有可能因为与父母的意见有分歧而产生了误解，有可能因为一点小事而与朋友撕破了脸皮，有可能因为误会而与老师的关系变得僵持。但是，无论我们是对还是错，都要学会谅解，开阔自己的胸怀，谅解对方的行为，谅解对方当时的处境，体会对方的感受，使彼此之间的关系和好如初。

**枕边细语**

### 1. 学会宽容

正所谓"人无完人"，再优秀的人也难免会犯错误，更何况是我们普通人呢？当身边的人误解我们的时候，不要气愤，也不要怀着仇恨的心理，我们要学会谅解，原谅对方的过错，就相当于善待自己。因为当你不能原谅朋友偶尔的错误时，你就已经失去了一个朋友，错误是无可避免的，但朋友却是可遇不可求的。因此，面对朋友偶尔犯的错误，我们应该学会宽容。

### 2. 懂得倾听，给对方一个解释的机会

有时候，我们受了委屈，心里满是悲伤，这时候的我们不想听朋友的任何解释，只想早点与他划清界限。其实，冲

动之下作出的决定有可能是盲目的，不恰当的。所以，即使自己再生气，再悲伤，我们也要懂得倾听，给对方一个解释的机会，同时，也让自己弄清事情的真相。如此一来，既是对自己负责，又是对朋友负责。

### 3. 要诚挚地对朋友说出"没关系"

事情发生了，当朋友能够及时地认识到自己的过错，并且勇敢地对我们说"对不起"时，我们就要以更广阔的胸怀来拥抱朋友，以最诚挚的态度对朋友说"没关系"。一方面表现出我们应有的礼貌与修养，另一方面，也展现出自己宽阔的胸怀以及充满友爱的心灵。

## 谦谦女孩，芳华自放

谦虚是一种优秀的品质，一个人的生命是有限的，但知识却是无限的，再勤奋的人也不可能把所有的知识学完，因此，女孩在知识面前一定要谦虚，凡是取得成功的人，他们在一生中总是谦虚地学习，不断地提高自己。

我们处在一个优越的环境中，获得了一点成绩就很容易骄傲，然而，今天获得好成绩并不代表明天的成绩会一样优秀，一个优秀的孩子应该是全面发展的孩子。处于发展时期的孩子，许多品质还没有得到固定，这很容易使我们走进骄傲自负的性格误区，因此，应该克制自满的情绪，努力做一个谦虚的女孩。

富兰克林12岁时，他到一家小印刷厂当学徒，但后来不满厂里的严格管理就私自离开了，去费城当了一名印刷工。

在那里，富兰克林组织了一个"皮围裙俱乐部"，这是一个读书交友会。平时，一些年轻人会在这里交流读书的乐趣、理想和个人发展计划，由于大多数工友并没有多少学识，而富兰克林曾在印刷厂掌握了一些知识，他不禁有点飘飘然，常常在工友面前夸夸其谈，显示出自己很有学问的样子，甚至有些瞧不起其他工友，这令许多人看他不顺眼，不愿意跟他来往。

有一次，一个工友把富兰克林叫到一旁，大声对他说："富兰克林，像你这样是不行的！凡是别人与你意见不同的时候，你总是表现出一副强硬而自以为是的样子，你这种态度令人觉得如此难堪，以致别人懒得再听你的意见了。你的朋友们都觉得不同你在一起时比较自在些，你好像无所不知、无所不晓，但其实别人已经对你无话可讲了，他们都懒得和你谈话了，因为他们觉得自己费了力气反而感到不愉快。你以这种态度来和别人交往，而不去虚心听取别人的见解，这样对你自己根本没有好处，你从别人那里根本学不到一点东西，但是实际上你现在所知道的很有限。"富兰克林听了工友的斥责，讪讪地说道："我很惭愧，不过，我也很想有所长进。""那么,你现在要明白的第一件事就是,你太蠢了!"这个工友说完就离开了。

这番话让富兰克林受到了打击,他猛然醒悟了过来,后来,他逐渐克服了骄傲、自负的毛病,经过奋斗成为著名的科学家、政治家和文学家。

富兰克林因为骄傲而使朋友疏远了自己,在朋友的劝告下,他醒悟了,逐渐克服了自己的缺点,变得谦虚而真诚。巴尔扎克曾这样说过:"自满、自高自大和轻信,是人生的三大暗礁。"如果我们想成为富兰克林那样杰出的人物,那么,我们从小就要培养谦虚的品质,当自己在学习上获得优异的成绩时,要克服自己骄傲自满的情绪,保持一颗平常心,不要沾沾自喜、自以为是。

如果我们有了一点成功便觉得自己很了不起，这是很不好的。优秀的女孩更需要虚心接受老师与父母的教诲，倾听朋友的意见，这样才有可能走向成功。

### 枕边细语

#### 1. 要勇于接受批评，看到自己的缺点

我们从小就处在父母的夸奖中，受到许多人的关注，成长在一个受表扬和鼓励的环境中，变得很自信。但是，在夸奖声和赞美声中，我们只能看到自己的优点，却看不到缺点，这对我们的成长极为不利。所以，要比较全面地了解自己，就要勇于接受批评，看到自己的缺点，虚心接受父母与老师的教育，这样我们才能全面、健康地发展。

#### 2. 抑制骄傲自满的情绪

我们还处于学习知识、积累经验的阶段，对于内心蔓延出来的自高自大，应该保持警惕心理，鼓励自己多读书，任

何一个人都没有骄傲的资本。我们要清楚地知道"谦虚使人进步，骄傲使人落后"的道理，并付诸实践，做一个谦虚的女孩。

### 3. 以成功人士为榜样

任何一个成功人士都非常谦虚，我们可以通过老师或者书籍了解名人的故事，以名人的事例来激励自己懂得谦虚。当我们有了自己崇拜的成功人士，并且了解了他们成功的经历，就会逐渐使自己养成谦虚的好品质。我们需要明白只有谦虚的人才会不断地提高自己，才能在学习上及未来的工作中取得更大的成就。

# 第08章

性格果断——毫不犹豫，气定神闲

# 做决定，规划你的未来

古语云："凡事预则立，不预则废。"志存高远，这是一直被我们推崇的。但是在现实中，仅仅有一个清晰的目标还远远不够。目标是可以看得见的靶子，每个人都能看到，大家都在朝它开枪，但并不是谁都能打得准。在把理想变成现实的道路上，女孩还应该做好规划。规划不仅是一种前景目标、一张蓝图，更是你行动的路线图。如何开动脑筋，尽快突破小目标，实现大目标，才是女孩们最应该费心思考的问题。有目标、有憧憬是好事，但善于规划才是硬道理。

## 1. 原则是白天学什么，晚上复习什么

不管你学习计划的重点是什么，比如补习自己薄弱的科目，或增强自己的长项等。但学习计划内容的其中之一必须包括你白天学习了什么，当天就应该复习什么，这不仅仅是巩固新知识，而且是一个短期计划的实施，只有打好了每一天的复习战，才能确保长远计划的实施。

## 2. 补弱项重于增强项

通常情况下，弥补弱项，比起强化强项，更容易获得进步。原因之一就是使用在强项中总结出的好的学习方法往往可以弥补自己的弱项。比如，假如你的英语处于中级阶段，语文处于初级阶段，那么，你就可以把已经证明有效的英语的学习方法用于学习语文，比如把背英语单词的方法用于背语文字词，把英语阅读的解题技巧用于语文阅读题等。对于

自己学得比较差的课程，使用相对简单的学习方法就可以取得进步，而越是简单的学习方法越容易被掌握。

### 3. 解决自己在课程学习中的漏洞

女孩可以通过总结考试、分析以前做过的题目、课堂再现等方法，找出自己课程学习中的漏洞，然后，根据这些漏洞的严重程度以及对目前学习影响的程度，确定最先要弥补的漏洞。假如最弱的课程尚未进入初级阶段，那女孩必须找到入门的方法，假如这门课程处于中级阶段，那就需要进一步突破。

## 拖延，让你一事无成

拖延是一种坏习惯，它会让人在不知不觉中丧失进取心，阻碍计划的实施。一个人如果进入拖延状态就会像一台受到病毒攻击的电脑，效率极低。拖延最常见的表现就是寻找借口。虽然目标已经确立了，却磨磨蹭蹭，像个生病的羔羊，没有一点精神。无论什么时候，他总能找到拖延的理由，计划当然就会一拖再拖，成功遥遥无期。

对于一个公司来说，很有可能会因为拖延而损失惨重。1989年3月24日，埃克森公司的一艘巨型油轮触礁，大量原油泄漏，给生态环境造成了巨大破坏。但埃克森公司却迟迟没有作出外界期待的声明，以致引发了一场"反埃克森运动"，甚至惊动了当时的布什总统。最后，埃克森公司的总损失达几亿美元，形象也严重受损。

那么对于一个人来说，拖延又会带来什么灾难性的后果呢？对一个渴望成功的人来说，拖延将成为制约他取得成功的桎梏。在公司没有一个老板喜欢有拖延习惯的员工，在家里没有一个妻子喜欢有拖延习惯的丈夫。

社会心理学家库尔特·卢因提出力场分析法。他描述了两种力量：驱动力和制约力。他说，有些人一生都踩着刹车前进，比如被拖延、害怕和消极的想法捆住手脚；有的人则是一直踩着油门呼啸前进，比如始终保持积极、乐观和自信的心态。

哈里起初只是美国海岸警卫队的一名厨师。他从代同事写情书开始，爱上了写作。他给自己制订了用两三年的时间写一本长篇小说的目标并立刻行动起来，每天不停地写作，从不停歇。8年以后，他终于在杂志上发表了自己的第一篇作品，字数仅有600字。他没有灰心，仍然不停地写，稿费没有多少，欠款却越来越多。尽管如此，他仍然锲而不舍地写着。朋友们帮他介绍了一份工作，可他说："我要成为一个作家，我必须不停地写作。"又过了四年，小说《根》终于面世了，引起了巨大轰动，仅在美国就发行了530万册。小说还被改编成电视剧,观众总数超过了一亿三千万,创下了电视收视率的最高历史纪录。他因此获得了普利策奖,收入超过500万美元。

所以,有了目标后,最重要的就是放弃任何借口,立刻将它付诸实践,并且坚持到底。我们常说:"千里之行始于足下",就是要求我们行动起来,把心中的梦想通过行动变成美好的现实。如果只是因为自己有一个美好的梦想就沾沾自喜,而忘记了行动的力量,无论天上的星星多么漂亮,你也不能够把它捧在手中;无论对岸的风景多么诱人,你也不能够目睹;无论海中的贝壳多么美丽,你也不能够把它挂在你的胸前。

你是否有这样的表现呢?今天的事拖到明天做,6点起床拖到7点再起,上午该打的电话等到下午再打,每天要写的文章攒到最后时刻再写，今天要洗的衣服拖到明天再洗，这个月该拜访的朋友拖到下个月再拜访。如果你有这些表现，说明你有拖延的习惯，应该立刻改掉。

那么，拖延心理是怎么产生的呢？

## 1. 潜在的恐惧心理

许多恐惧是我们意识不到的，许多人明明对一些事情充满着恐惧却不清楚自己到底在害怕什么，有的人声明自己并不害怕但他却一直在逃避某些事情，这些就是潜在的恐惧心理。有的人越是逃避，越是害怕，为了逃避这些，只能慢慢拖延，比如害怕繁重的工作，就早上不想起来，总觉得有一种畏难情绪。

## 2. 时间作息混乱

通常拖延症患者的时间作息表都是混乱不堪的，比如盲目乐观地估计自己的能力，他会想在睡前加班将工作完成，事实上他根本不清楚自己是否能顺利完成；恐惧确切的时间，有的人十分恐惧时间，比如总是等到主管催了一次又一次，才会交上自己的工作任务；没有具体的规划，拖延症患者根本不知道自己完成一件事情需要多久，也没办法说出自己的具体计划，他们总是想捍卫自己的自由，甚至想逃避时间的控制。

### 3. 对最后期限的恐惧

拖延症患者行为与心理的矛盾表现为：一方面他们害怕时间不够用，担心没有时间；另一方面他们不到最后一刻绝不采取行动，几乎不能提前开始行动。哪怕是开始行动，也没办法坚持下去。对于大部分喜欢拖延的人而言，他们的心路历程就是这样。

### 4. 追求完美，犹豫不决

有的人喜欢追求完美，当他们在做一件事情的时候，总是犹豫不决，改来改去，临到紧急关头也拿不定主意，导致无法做出决断。这些问题也导致他们对自己应当做的任务一拖再拖。

## 来吧，说做就做

如果自己是一个做事拖沓的人，那么，生活中的大部分时间都被你浪费了。做一件事也需要花很多时间来思考，担心这个或担心那个，或者找借口推迟行动，但最后又为没有完成目标任务而后悔，这就是"拖沓者"典型的特点。拖沓对于成功来说，是一块绊脚石，拖沓的习惯会阻碍目标任务的完成。所以，要想获得成功，就需要向着目标立即奋进，拒绝拖沓。

说到拖沓的习惯，相信许多人都不陌生，因为在平时的生活中，随处都可以见到它的身影。在该工作的时候上网冲浪，总是对自己说："明天再去做吧。"正所谓"明日复明日，明日何其多"，在拖沓的过程中，我们错过了许多完成目标的机会。

阿尔伯特·哈伯德出生于美国伊利诺州的布鲁明顿。年轻时的哈伯德曾在巴夫洛公司上班，是一名很成功的肥皂销售商，但是，他却对此感到不满足。1892年，哈伯德放弃了自己的事业进入了哈佛大学，然后，他又辍学开始到英国徒步旅行。

哈伯德回到美国后，试图找到一家出版社来出版自己的那套《短暂的旅行》自传体丛书，但是，他没有找到任何一家愿意与他合作的出版社。于是，他决定自己来出版这套书。他创建了罗依科罗斯特出版社，并出版了自己的书，后来他成为既高产又畅销的作家。随着出版社规模的不断扩大，人们纷纷慕名来拜访哈伯德，最初游客会在周围住宿，但随着人越来越多，周围的住宿设施已经无法容纳更多的人了，哈伯德特地盖了一座旅馆，在装修旅馆时，由此哈伯德让工人做了一种简单的直线型家具，而这种家具受到了游客们的喜欢，由此哈伯德开始了家具制造。哈伯德公司的业务蒸蒸日上，同时，出版社

出版了《菲士利人》和《兄弟》两份月刊，而随后《致加西亚的信》的出版使哈伯德的影响力达到了顶峰。

有人说，阿尔伯特·哈伯德的一生是无比传奇的一生，他之所以能在多方面都获得成功，很大程度上在于他从来不拖沓，不断地朝着自己的一个又一个目标而努力奋进。阿尔伯特·哈伯德是一位坚强的个人主义者，一生都坚持不懈、勤奋努力地工作着，成功对他来说是理所当然的。在《致加西亚的信》中，通常来说，一个人成就的大小取决于他做事情的习惯，克服拖沓是做事情的一个重要技巧。我们要想完成既定目标，取得成功，就应该培养做事不拖沓的习惯，一旦养成了这个习惯，"完成目标，马上行动"就会成为一件自然而然的事情。

### 1. 做完事情再玩

假如你觉得自己的工作能力很强，可以在很短的时间内将比较困难的事情做完，那就应该在接到工作任务时马上行动，这样你完成事情之后就可以玩得更开心，而不是在玩时总想着工作的事情。

### 2. 给自己定期限

假如你认为时间的紧迫感可以令自己发挥超常的水平，那就需要给自己制定一个期限。假如你曾经有过几次临时抱佛脚的经历，却屡遭失败，那最好还是不要尝试这种方法了。

### 3. 学学时间管理

平时你是否经常被琐事困扰，如果是的话，那就应该学会管理时间，最简单的方法就是要明确自己的目标，经常想想这件事不做对自己以后有什么影响。当你能有效管理时间之后，往往能够及时地完成事情。

## 犹豫，让你错失先机

美国著名成功学大师马克·杰斐逊说："一次行动就足以显示一个人的弱点和优点是什么了，也能够及时指引此人尽快找到人生的突破口。"

确实，想要达成某个目标，必须要有可行的方案，而且要将计划落到实处，这样的计划才有意义。也许有女孩说"心想事成"，当然，只有有了想法才能有成功的可能，但是许多人只是把想法停留在空想的阶段，而不会落实到具体的行动中，最后这些空想终究无法成为现实。

有一天，老鼠大王召集了许多鼠族成员召开一次会议，商量如何对付猫吃老鼠的问题。老鼠们都积极发言，出主意，提建议，不过会议持续了很久，最终也没有找到一个可行的方法。

这时，一个平时被大家称为最聪明的老鼠对大家说："我们与猫多次作战的经验表明，猫的武功实在太高了，若是单打独斗，我们根本不是它的对手。我觉得对付它的唯一办法就是——预防。"大伙听了面面相觑，问道："怎么防呢？"这个老鼠狡黠地说："给猫的脖子系上铃铛，这样，猫一走铃铛就会响，听到铃声我们就躲到洞里，它就没有办法捉到我们了。"老鼠们听了都雀跃起来："好办法，好办法，真是个聪明的主意！"

老鼠大王听了这个办法以后，高兴得什么都忘记了，当即宣布举行大宴。可是，第二天酒醒了以后，老鼠大王觉得不对。于是，他又召开紧急会议，并宣布说："给猫系铃铛这个方案我批准，现在就开始落实到具体行动中。有谁愿意去完成这个艰巨而又伟大的任务呢？"会场里一片寂静，等了好久都没有回应。

于是，老鼠大王命令道："如果没有报名的，我就点名啦。小老鼠，你机灵，你去给猫系铃铛吧。"老鼠大王指着一只小老鼠说。小老鼠一听，马上浑身颤抖成一团，战战兢兢地说："回大王，我年轻，没有经验，最好还是找个经验丰富的吧。"接着,老鼠大王又对年纪稍大的鼠宰相发出命令:"那么,最有经验的要数鼠宰相了,您去吧。"鼠宰相一听,吓坏了,马上哀求说:"哎呀呀,我这老眼昏花、腿脚不灵的,怎能担当得了如此重任呢?还是找个身强体壮的吧。"于是,老鼠大王派出了那个出主意的老鼠。这只老鼠哧溜一声离开了会场,从此,老鼠们再也没有见过它。

目标是否可以实现,关键在于行动。在任何一个领域里,不努力去行动的人,就不会获得成功。正所谓:"说一尺不如行一寸",任何希望、任何计划最终必然都要落实到具体的行动中。

只有行动才可以缩短自己与目标之间的距离,也只有行动才能将梦想变为现实。女孩需要记住,做好每件事,既要心动,更要行动。只有理想和目标,不去行动,成功就是一句空话。

### 1. 学习的目的要明确

如果你打算学习某位成功的同学，而这位同学的想法与你不会发生冲突，那他或许会将一些有效率的方法与你分享。你可以亦步亦趋地照他的方式去做，也可根据自己的目的，只把他的方法当作样板来参考。如果对方知道你在使用他的学习方法而乐于帮助你时，你的感觉会更佳，学习的效果也会更佳。这时你可以通过同他交流，掌握更多的细节。

### 2. 不要盲目照搬

某些因素对某些人有用，却未必对所有人都有用。因此，学习应该掌握一般性原则，不要不加选择地照搬每一个具体细节。例如，有的同学看了许多成功励志方面的书籍，他们往往喜欢学习那些成功人士，人家怎么干，他也怎么干，但最后还是一无所获。学习别人对你有用的东西才是明智的做法，如果也照搬同自己气质不协调的东西，那么就成为东施效颦了。

### 3. 有所创新与发展

在学习的过程中，你不但要尽可能汲取更多的东西，并把这些当作改变学习方法的基础，还要加上自己的观点。即使你的榜样能提供非常好的学习方法，你还是要设法加上自己的创新。当你感到由于加进了创新，新方法比旧方法更有效率时，你不妨邀请之前的榜样或者有关老师来评价一下，从而获得更多进步。

# 别做喜欢抱怨的女孩

英国著名作家奥利弗·哥尔德斯密斯曾说:"与抱怨的嘴唇相比,你的行动是一位更好的布道师。"面对生活里的一丁点不如意,人们最普遍的习惯是抱怨,不停地抱怨,抱怨父母不理解、抱怨社会太现实、抱怨朋友的欺骗。于是,抱怨成了一种习惯,然而,那些不如意的事情、悬而未决的事情并没有得到真正的解决,自己的情绪反而因为抱怨而陷入了恶性循环,这就是抱怨所带来的负面影响。

什么是抱怨呢?有人说这是一种宣泄,一种心理平衡,似乎抱怨可以将那些不如意的事情发泄出来。每个人每天都可能会面对许多不如意的事情,如果只是一时的抱怨,这还可以接受,但是,有时候抱怨久了就会形成习惯,而抱怨的根源是对现实的不满意。

王小姐是公司负责企划案的经理，最近，她手头接了一个企划案，但是需要另外一个部门的配合，方案才能有效地执行。可是令王小姐感到苦恼的是，自己的搭档因为觉得所附加的工作量太多，不愿意去做，而且还责怪王小姐："我最近都很忙啊，你还拿这样的企划案来找我，真是没事找事。"王小姐心中一肚子怒火，忍不住向同事抱怨："咱们都是为工作，我们行，她怎么就不行呢？"说着说着，王小姐发现自己的怒火越来越大。

> 抱怨解决不了任何问题。

不过，抱怨之后事情还是没有被解决，王小姐意识到：抱怨毕竟只是发泄，解决不了问题，既然是为了工作，那就应该对事不对人，我得向她沟通去。后来，王小姐找了一个机会把自己的意图向工作中的搭档解释了一下，对方竟欣然接受了即使加班也要完成工作的要求。工作任务完成之后，王小姐长长地舒了一口气，说道："如果当初我继续抱怨下去，就会影响我跟她继续合作的情绪，工作肯定完成不了，看来以后我得少抱怨多行动才行！"

有时候，女孩在生活中会遇到一些人际麻烦，有人的处理方式是跟其他人抱怨，这无疑是制造了一个"三角问题"，自己和搭档有问题，却和另外一个人去讨论这些事情。事实证明，一味地抱怨根本解决不了问题，改变现状最有效的方式是行动。所以，请停止抱怨，放弃抱怨，立即开始行动吧！

### 1. 过分抱怨会令人丧失行动力

阿尔伯特·哈伯德曾说："如果你犯了一个错误，这个世界或许将会原谅你，但如果你未做任何行动，这个世界或许不会原谅你。"抱怨，它只是一种语言而不是行动，当一个人过多地被语言困扰的时候，他就会失去行动力。当然，将抱怨转化为动力，我们还需要拥有广阔的胸襟，只有看透了抱怨的实质，我们才有可能将怨气化为动力。

## 2. 行动比抱怨更有效

一个人来到这个世界上，面对生活中的诸多不如意，我们只有两个选择，要么接受，要么改变。抱怨成为接受事实的一个阻碍，我们总是想到：这件事对我是不公平的，这样的事情怎么会发生在我的身上呢？我怎么能接受这样的事情呢？所以，一种强烈的倾诉欲望开始萌发，我要去对别人诉说，以此证明我的无辜和委屈，于是，我们抱怨的时候，就已经失去了去改变这件事情的机会。那么，当我们无休止地抱怨的时候，有没有想过比抱怨更好的解决方法呢？

# 第09章

克制怯弱——挥舞翅膀，飞得更高

## 扬长避短，做自己擅长的事

德国钢铁大王奥古斯特·泰森说："我之所以成功，不是因为我最努力，而是因为我只做自己最擅长的事情。"人生是一个选择的过程，每个人都有机会选择做自己喜欢的事情。但是，这个世界上没有谁是完美的，也没有谁是无所不能的。事实上，每个人都有自己擅长的事情，也有自己不擅长的领域。

女孩应该站对位置，你可以选择自己不擅长的事情，不过想要赢得成功，就应该做自己最擅长且最适合自己的事情。

伊辛巴耶娃，世界上第一个撑杆跳越过5米的女子运动员。但是，谁能想到，她最初的梦想根本不是撑杆跳，她那时候最喜欢的是体操。

伊辛巴耶娃从小就对体操情有独钟，她梦想着自己有一天能成为世界体操冠军。为了实现自己的目标，她没日没夜地练习，不敢有一丝的懈怠。遗憾的是，随着年龄的增长，伊辛巴耶娃个子越长越高。对于一个体操运动员而言，高挑的身材反而是一种缺陷。比如，其他运动员能够翻四个跟头，太高的伊辛巴耶娃却因为个子太高只能翻两个半。显而易见，伊辛巴耶娃1.74米的身高在体操队中没有任何竞争优势。

这该怎么办？如果继续在体操这条路坚持下去，最终只会碌碌无为，甚至有可能会一直处于劣势。于是，伊辛巴耶娃经过客观的分析、权衡，她果断地告别了体操队，不过她依旧没有放弃自己曾经的梦想——成为世界冠军。她想到自己个子高的优势，于是，她又将梦想寄托在能够充分发挥自己身高优势的撑杆跳运动上。经过不懈地努力，伊辛巴耶娃在撑杆跳运动中赢得了举世瞩目的成就。

富兰克林曾说："宝贝放错了地方就成了废物。"女孩别站错了位置，学会经营自己擅长的项目，才能够让自己的人生增值，而经营自己的短板，只会让自己的人生贬值。伊辛巴耶娃无疑是聪明的，她放弃了自己喜欢但不能发挥自己优势的体操运动，转而选择更具优势的撑杆跳运动，从而成就了自己的世界冠军梦想。所以，女孩们别把时间浪费在难以弥补的缺点上面，不要再让所谓的"短板"阻碍自己的成功之路。

### 1. 客观认识自己

女孩要想踏上成功之路，首先必须客观地认识自己，对自己做出正确的评价，包括擅长的科目、感兴趣的科目、不擅长的科目等。女孩不能只看到自己的优势，盲目乐观、自大；也不能只看到自己的缺点，一味消极、悲观。女孩应从客观的角度对自己进行分析，明确自己的优势和缺点。

## 2. 扬长避短

女孩子应该明白，每个人都或多或少在某方面存在一定的缺陷，即便取得伟大成功的人也不例外。比如拿破仑个子非常矮小，罗斯福有小儿麻痹症等。尽管那些后天如何努力都没办法改变的缺陷令人非常痛苦，不过假如你懂得扬长避短就会赢得辉煌的成就。

## 3. 平衡兴趣与优势

有的女孩根本不擅长绘画，学了几年，还是学不好。这是为什么呢？当这个女孩将自己所有的精力和时间都用来画画的时候，她根本无法发挥自己的优势。所以，女孩应该平衡一下自己的兴趣与优势，你可以选择喜欢的东西，但如果不能把握并平衡好自身的长处和短板，成功仍然会离你很远；反之，假如你学会管理缺点、短处，加强自己的优势、长处，在自己不擅长的事情上懂得适可而止，将更多的时间和精力放在自己擅长的事情上面，那就会获得更多的自信、快乐，也更容易获得成功。

## 拨开浓雾，找准人生方向

奥格·曼蒂诺曾这样写道："我们的命运如同一颗麦粒，有着三种不同的道路。一颗麦粒可能被装进麻袋，堆在货架上，等着喂给家禽；有可能被磨成面粉，做成面包；还有可能撒在土壤里，让它生长，直到金黄色的麦穗上结出成百上千颗麦粒。人和一颗麦粒唯一的不同在于：麦粒无法选择是让自己变得腐烂、做成面包，还是种植生长，而我们有选择的自由，有行动的自由，更有心的自由。我们不该让生命腐烂，也不该让它在失败、绝望的岩石下被磨碎，任人摆布。"在生命历程里，女孩要给自己准确定位，展现出自己的人生价值。

1952年7月4日清晨，加利福尼亚海岸还笼罩在浓雾之中，在海岸以西21英里的卡塔林纳岛上，34岁的费罗伦斯·柯德威克涉水进入了太平洋里，她开始向加利福尼亚海岸游去，如果

第 09 章
克制怯弱——挥舞翅膀，飞得更高

这次能够成功，她就会成为第一个游过这个海峡的女性。在这之前，柯德威克是从英法两边的海峡游过英吉利海峡的第一位女性。然而，这次挑战似乎没有想象中的顺利，由于浓雾越来越大，她几乎看不到护送自己的船。对柯德威克来说，渡海游泳最大的问题不是疲劳，而是刺骨的水温，15小时过去了，柯德威克被冰冷的海水冻得浑身发麻，她知道自己不能再游了，就叫人拉她上船。柯德威克的母亲和教练就在随行的船上，他们告诉她："海岸很近了，不要放弃。"柯德威克朝加利福尼亚海岸的方向望去，前面是一片浓雾，什么都看不见。又坚持了十几分钟以后，柯德威克还是选择上了船，而她上船的地点，离加利福尼亚海岸只有半英里。

当有人告诉柯德威克这个事实后，从寒冷中恢复知觉的

她看起来很沮丧，她对记者说："真正令我半途而废的不是疲劳，也不是寒冷，而是因为在浓雾中看不到方向。"在柯德威克的一生中，只有这一次没能坚持到最后。两个月后，柯德威克再一次尝试，这次，她成功地游过了这个海峡，她不但是第一位游过卡塔琳娜海峡的女性，而且比男子的纪录还快了大约两小时。

对于柯德威克这样的游泳能手来说，况且需要方向才能鼓足干劲儿完成她有能力完成的任务，对许多女孩而言，更需要为自己的人生确立方向。

### 1. 清楚自己的特长

女孩首先应该明白自己的特长是什么，是唱歌还是跳舞？是书法还是绘画？是语文还是英语……明确了自己的特长之后，才能够准确定位自己的人生，比如有绘画特长的女孩可以朝着"画家""美术专业"靠拢，当然，这并不是绝对的，还需要参考女孩的文化成绩。当然，女孩不能自卑地认为自己完全没有特长，只要你仔细分析，就一定能够找到自己的特长。

### 2. 正确评价自己

不管是自卑的女孩，还是自负的女孩，都应该对自己有一个正确的评价。自卑的女孩，不能只看到自己的不足，比如成绩不好，就整天躲在教室角落，或许你温和的个性赢得不少同学的喜欢呢！而那些自负的女孩，不能只看到自己的优点，而忽视了自己的缺点。正确的评价往往是既有优点又有缺点，这才是一个全面的自我认识。

### 3. 坚信自己的价值

女孩要学会善待自己，在成绩考砸时鼓励自己，在学业上升时勉励自己。在生活和学习的过程中，总会遭遇无法避免的挫折与困难。不过，不管受到什么样的打击，即便正在经历着痛苦、挫折，女孩也不应该忽视了自己的价值，不要觉得自己一无是处，也不要骄傲自大。以一份崇高的使命感，展现出自己的人生价值。

## 逆商决定你的高度

蘑菇生长在阴暗角落，由于得不到阳光又没有肥料，常常面临着自生自灭的状况，只有当它们长得足够高、足够壮的时候，才会被人们所关注，事实上，这时它们已经可以接受阳光雨露了。任何一个人在成长的过程中，都将注定经历不同的苦难、荆棘，那些被困难、挫折击倒的人，他们必须忍受生活的平庸；而那些战胜苦难、挫折的人，他们就能够突出重围，赢得成功。

乔丽是报社的一名记者，最近她接到了一份特殊的采访任务。当她拿到被采访者的资料时，不禁有些难过，这是一个怎样的女人：丈夫早些年得了重病去世了，欠下了大笔的债务。家里有两个孩子，还有一个带有残疾。女人只是在一家小型的工厂里当一名女工，靠微薄的薪水养着整个家，还需要还债。乔丽想着：她家里不知道是什么样子？女人和孩子都蓬头垢面、满脸悲苦,又黑又潮的小屋里没有一点鲜活的色彩,自己去了,也许只会不断地听到哭诉。

那个周末,乔丽满怀忐忑,按地址找到了那个女人居住的地方。当她站在门口时,乔丽有些不敢相信自己的眼睛,她甚至怀疑自己找错了地方,于是又向女主人核实了一遍。确认无误之后,她开始重新打量这个家:整个屋子干干净净,有用纸做的漂亮门帘,墙上还贴着孩子获得的奖状,灶台上只放着油盐两种调味品,罐子却擦得干干净净的。女人脸上的笑容就像她的房间一样明朗。乔丽坐在用报纸垫着的凳子上,热情的女人为她拿来了拖鞋。乔丽看见那鞋居然是用旧的解放鞋的鞋底做的,再用旧毛线织出带有美丽图案的鞋帮。

当女人也一起坐下来后,乔丽不禁有些好奇她是怎么把这个家打理得这样舒适的,女人一边干着活,一边微笑着说:"我虽然失去了丈夫,但是领悟到了生活的真谛,现在我过得也很好,得失并不是我在乎的。你看,家里的冰箱、洗衣机都是邻居淘汰下来送给我的,其实用着也蛮好的。工厂里的老板同事也都很照顾我,还会让我把饭菜带回来给孩子

吃。孩子们也很懂事，做完了一天的功课还会帮忙干家务活……"

乔丽听着听着，眼睛不由湿润了。

坚强的女人用自己微薄的薪水创造了一个干净温馨的家，试想，如果女人是一位计较得失的人，那么，乔丽所看到的场面有可能是：她像祥林嫂一样哭诉自己以前的幸福时光以及现在的不幸生活。只是，她不是那个计较生活得失的人，而是一个高逆商的女人，她以豁达乐观的心态，重新撑起了一个温馨的家。

## 1. 合理释放情绪

成年人会为工作、感情、金钱、人际关系等事情而烦恼，女孩也会被学业、友情和父母的关系等问题困扰。女孩有了情绪上的困扰，不能压抑在心里，时间长了，负面情绪就会越来越多，那些不能被自己消化和承受的压力就会演变成心理问题，这是非常危险的。这时女孩可以通过向同学倾诉、与父母沟通等方式合理发泄情绪。

## 2. 以正确心态面对考试

如果女孩子心态比较浮躁，那么，在考试成功的时候，会欣喜若狂，内心产生骄傲的情绪，甚至会放松自己的学习；但在面对考试失利的时候，就会灰心丧气，一蹶不振。这样的心态是不正确的，有可能会因骄傲而跌倒，也有可能会因失败而灰心。而最好的心态就是有一颗平常心，这样女孩子就会在成功面前保持谦虚的态度，在失败面前依然充满着信心。

## 在绝望时选择再等一下

易卜生说过:"不因幸运而故步自封,不因厄运而一蹶不振。真正的强者,善于从顺境中找到阴影,从逆境中找到光亮,时时校准自己前进的方向。"

挫折与失败最能考验人的意志,也最容易让一些人胆怯、恐慌、生气和抑郁。其实,每个成功者都曾经历过失败,只是他们是用自信心和坚强的意志战胜了挫折并迎来了成功。可以说,成功者大都是经历失败最多、受挫最重的人,他们在不能坚持的时候,选择了等一下,再等一下,最终迎来了风雨之后的彩虹。

从前,有一位老婆婆在屋子后面种了一大片玉米,长势喜人。很快到了玉米丰收的季节,地里一片金黄,颗颗饱满的玉米棒彼此拥挤着,都希望自己能被主人选中。其中,一根

第 09 章
克制怯弱——挥舞翅膀，飞得更高

颗粒饱满的玉米说道："收获那天，老婆婆肯定先摘我，因为我是今年长得最好的玉米！"

但是到了收获那一天，这个颗粒饱满的玉米等了很久，也没有被老婆婆摘走。不过，这个玉米并没有失望，它自我安慰："明天，明天她一定会把我摘走！"第二天，老婆婆又收走了一些玉米，但依然没有摘走这根玉米。

乐观的玉米难掩失望的表情，不过它勉强安慰自己："明天，老婆婆一定会把我摘走！"但是，从此以后，老婆婆再也没有来过。直到有一天，玉米真的绝望了，原来那饱满的颗粒也变得干瘪坚硬。

没有想到的是，就在这时，老婆婆来了，她一边摘下这

个玉米，一边说："这可是今年最好的玉米，用它作种子，明年肯定能种出更棒的玉米！"干瘪的玉米笑了，它终于等到了希望，明年自己将儿女成群。

或许，你一直都很自信，不过接连的失败和挫折会让你泄气、信心动摇，甚至自暴自弃。女孩，你是否有耐心在绝望的时候再等一下，哪怕再等一下！偶尔的困难与挫折是生活中不可避免的常事，任何的抱怨与难过都毫无用处。所以，女孩们需要做的，就是乐观地坚持自己的生活。当别人都放弃的时候，你依然坚持不懈，直到成功的那一天。

### 1. 正确理解挫折

女孩只有对挫折有正确的认识，在克服困难中感受挫折，正确理解挫折，才能培养自己不怕挫折、勇于克服困难的能力和主动接受新事物，敢于面对挫折的信心。女孩在遇到困难的时候，不要总想着回避，而应该面对现实，勇敢地向困难发起挑战，当女孩一次次战胜困难后，就会为自己增添无穷勇气。

## 2. 正确对待失败

很多情况下，给女孩带来最多打击的往往不是失败本身，而是女孩对失败的理解。假如女孩没有被选为优秀学生，她想的原因可能是"我不如其他的同学"，也可能是因为"别的同学更适合"，或者是因为"他们挑选各方面都优秀的学生。"有些失败可能确实是孩子自身的原因，这时女孩往往会产生消极情绪，不能以正确的态度对待失败和挫折。其实，女孩应该明白失败并不可怕，只要勇敢，一定可以做好。

## 3. 培养自立和抗挫的能力

女孩需要增强自己的心理承受能力，比如乐观、积极、向上的生活态度，掌握与年龄相符的知识技能、生活技能。这样才能无形之中增强女孩抵御挫折的能力，自然就容易减少女孩遭遇挫折的次数。

### 4. 做自己能做的事情

一些孩子自主性差、依赖性强，这种现象归根结底在于父母的包办代替，从而使孩子缺乏自信，能力低下，也会使孩子丧失自我实践的机会。所以，女孩子要多做自己能做的事情，哪怕父母愿意帮忙，女孩也应该坚持自己独立完成，否则就只能成为柔弱的娇娇女。

### 5. 给自己的压力要适当

你不要给自己太多的压力，给自己的压力要适当。压力本身是没有任何威胁性的，适当的压力会转换为一种强大的动力，促使你不断地进步，不断地奋发向上。但是，一旦压力过大，就会造成精神紧张、心理崩溃，晚上失眠，白天精神恍惚，而这样的状态是非常影响你的学习质量和正常生活的。

### 6. 学会给自己释放压力

压力是外来的一种力量，控制着我们的精神和心理，这是无法掌控的，但是我们可以通过一些方式来化解它，消减它的消极性，使其趋向于积极发展。所以，当女孩压力太大的时候，不妨暂时停止正在进行的事情，多参加一些户外活动，在大自然中散散心，或者邀约几个好友一起逛逛街，这都是一些好的释放压力的方法。

# 越努力越幸运的女孩

女孩对身边那些做出成就的人总是投以羡慕嫉妒的眼光，感叹自己命运多舛、运气很差。不过，请重新审视一下自己，真的是因为运气很差吗？运气往往与努力相连，如果足够努力，那好运自然会到来。在这个世界，没有无缘无故的好运，所有的好运都是通过努力得来的。做人做事有多努力，就会有多成功。女孩永远要记住一句话：越努力，越幸运。

正如一位哲人所言："成功者大都起始于不好的环境并经历许多令人心碎的挣扎和奋斗。"他们生命的转折点通常都是在危急时刻才降临。经历了这些沧桑之后，他们才具有了更健全的人格和更强大的力量。

在不少人眼里，莎莉是一个努力的女孩，她几乎一年365天都在工作。在几年前，她看起来还有点婴儿肥，现在却摇身一变成了纤瘦的励志女神。当然，莎莉的变化不仅仅在外表上，通过陆续推出有影响力的作品，其能力也得到了大家的认可，可以说成了圈内的劳模。

但是，面对这些变化，莎莉却说："我希望努力度过每一天，做最棒的自己，努力是我一个很好的开始。"其实，莎莉从来没有想过自己会成为活跃在大荧幕上的明星。小时候，莎莉的父母对她要求很严格，让她学画画、硬笔书法、琵琶等。在这个过程中，莎莉慢慢明白努力有多么重要。父母经常对莎莉说："你可以不是第一名，但你一定要是最努力的那一个。"所以，一直以来莎莉都坚信"越努

力越幸运",她希望通过自己的努力来赢得一次又一次的好运。她说:"加倍努力,终于让我化茧成蝶。"

在通往成功的道路上,任何的抱怨都无济于事,任何的借口都是白搭,唯有努力才是真刀实枪的本事。努力的年轻人,不用去寻找好运,因为他本身就是好运。越努力越好运,这确实是一个成功的奥秘。努力本身带给我们有益的东西远远大于成功,在努力的过程中,不断磨炼,不断尝试,到成功的那一天,所有的努力都会聚沙成塔,从而成就自我。

## 1. 努力吧,女孩

你知道吗?风往哪个方向吹,草就往哪个方向倒。女孩要做风,即便最后遍体鳞伤,也会长出翅膀,勇敢地飞翔。努力吧!在路上的女孩。一个女孩如果缺少棱角、缺少勇气,无法选择自己的路,那她就只能成为被风吹倒的草。所以,大胆走自己的路,总有一天你会成为翱翔的雄鹰,繁华褪尽后剩下的只有荣光。

## 2. 女孩，别浮躁

女孩，请放下你的浮躁，放下你的懒惰，放下三分钟热度，放空容易受诱惑的大脑，放开容易被新奇事物吸引的眼睛，闭上喜欢聊八卦的嘴巴，静下心来好好努力。当你认真地努力之后，你就会发现自己比想象中更优秀，好运也会在期待中降临。

# 参考文献

［1］杨敬敬.女孩性格书：女孩越读越完美的101个性格故事［M］.北京：中国纺织出版社，2011.

［2］彭凡.完美女孩的性格秘密［M］.北京：化学工业出版社，2014.

［3］刘秋炎.女孩性格书：塑造女孩完美性格的15个成长法则［M］.北京：中国纺织出版社，2014.

［4］文德.好性格成就女孩一生［M］.北京：中国华侨出版社，2015.